遇见咖啡

黄佳 主编

黑龙江科学技术出版社

图书在版编目（CIP）数据

遇见咖啡 / 黄佳主编 . -- 哈尔滨：黑龙江科学技术出版社 , 2025.7. -- ISBN 978-7-5719-2831-5

Ⅰ . TS273

中国国家版本馆 CIP 数据核字第 2025TE3599 号

遇见咖啡
YUJIAN KAFEI

黄　佳　主编

责任编辑	张云艳
出　　版	黑龙江科学技术出版社
地　　址	哈尔滨市南岗区公安街 70-2 号
邮　　编	150007
电　　话	（0451）53642106
网　　址	www.lkcbs.cn

装帧设计 摄影绘图	长沙·楚尧数字科技
策划统筹	陈风

发　　行	全国新华书店
印　　刷	哈尔滨午阳印刷有限公司
开　　本	880 mm × 1230 mm　1 / 32
印　　张	5
字　　数	155 千字
版　　次	2025 年 7 月第 1 版
印　　次	2025 年 7 月第 1 次印刷
书　　号	ISBN 978-7-5719-2831-5
定　　价	48.00 元

版权所有，侵权必究

前言

咖啡，这一源自非洲的神奇饮品，自17世纪传入欧洲后，便迅速风靡全球，成为世界各地人们生活中不可或缺的一部分，与茶、可可并称为世界三大饮料。随着咖啡的日趋流行，全球咖啡生产和贸易规模逐渐扩大。

咖啡是经咖啡豆烘焙磨粉后制作出来的饮料，含有丰富的咖啡因，具有明显的提神作用，在咖啡油脂（Crema）和其他成分的共同作用下，散发出独特的香气，拥有醇香、浓郁的口感。

咖啡的世界充满了神秘与魅力。从咖啡豆的种植、采摘、处理，到咖啡的烘焙、研磨、冲泡，每一个环节都蕴含着丰富的知识与智慧。而品鉴咖啡更是一门艺术，需要敏锐的嗅觉、细腻的口感和深厚的文化底蕴。它不仅仅是一种饮料，更是一种文化、一种艺术、一种生活态度。

《遇见咖啡》旨在带领读者走进咖啡世界、感受咖啡文化。本书不同于传统的咖啡教材，仅用文字介绍咖啡知识，而是用漫画的形式，生动有趣地介绍了咖啡的起源、种类、制作方法、品鉴技巧以及背后的文化内涵。第一章介绍咖啡的起源，咖啡的三大种类和产地，喝咖啡的好处；第二章重点讲解咖啡豆的选择、加工、调配和挑选，让新手也能学会挑选咖啡豆；第三章介绍冲泡咖啡需要准备的工具、冲泡方法、咖啡伴侣的搭配等；第四章提供数种咖啡的制作方法，帮助读者在家也能冲煮美味咖啡。

坐在舒适的躺椅上，一边品饮咖啡，一边阅读本书。无论您是咖啡新手，还是资深咖啡爱好者，相信这本书都会给您带来全新的启示和愉悦的体验。

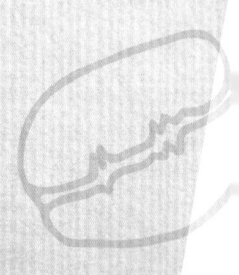

目录 CONTENTS

part 1 咖啡的源头

咖啡的来源	002
咖啡树	002
采收	003
分选	003
咖啡豆的处理	004
有趣的咖啡起源故事	006
牧羊人的故事	006
摩卡的故事	008
雪克·欧玛传说	009
咖啡豆的三大主要种类	010
阿拉比卡	010
罗布斯塔	011
赖比瑞亚	012
咖啡产地知多少	013
"咖啡腰带"——南纬23°~北纬23°	013
世界咖啡豆生产地前五名	013
咖啡的成分和益处	015
咖啡的成分	015
喝咖啡的好处	017

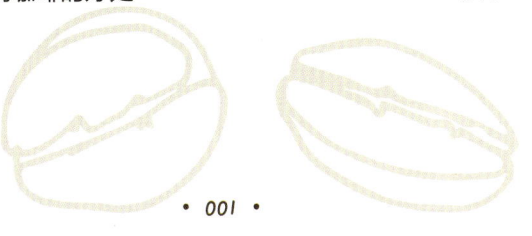

2 part 咖啡豆的选择和加工

咖啡的烘焙艺术   **020**
咖啡香味从哪来？   020
咖啡豆的烘焙度变化   022
如何挑选咖啡豆？   **024**
买咖啡粉还是咖啡豆？   025
选混配豆还是单一豆？   026
咖啡品种、产地   027
咖啡的风味   030
咖啡风味和烘焙度的关系   031
咖啡的储存   **032**
咖啡豆的研磨   **034**
粗研磨   034
中研磨   035
细研磨   035
极细研磨   035
咖啡豆的研磨机   036

3 part 咖啡的百变冲泡工具

咖啡的不同产品   **040**
不同的咖啡伴侣   **042**
水   042

糖	042
奶类	044
咖啡的区分方法	045
意式咖啡、精品咖啡、滴滤咖啡傻傻分不清?	045
卡布奇诺、澳白、拿铁分不清?	046
花式咖啡	047
咖啡冲泡方式全解	052
泡煮法	052
蒸馏法	052
高压法	053
过滤法	053
冰酿法	054
便捷多样的咖啡工具	055
手冲壶	055
咖啡过滤器	057
法式压滤壶（French Press）	065
爱乐压（Aeropress）	068
摩卡壶（Moka）	073
虹吸壶（Siphon）	077
意式咖啡机（Espresso Machine）	083
伊芙利克壶（Ibrik）	086

4 part 一起冲泡美味的咖啡

冲泡咖啡的三个重点	090
咖啡豆的研磨	090
冲泡咖啡的水温	090
水流的速度	090
拉花大挑战	091
一起冲泡出美味的咖啡	092
意式咖啡	092
美式咖啡	094
阿芙佳朵	096
康宝蓝	098
拿铁咖啡	100
豆乳拿铁	102
燕麦拿铁	104
生椰拿铁	106
鸳鸯咖啡	108
焦糖玛奇朵	110
爱尔兰咖啡	112
卡布奇诺	114
澳白	116

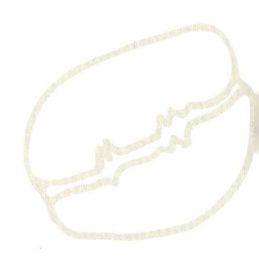

摩卡咖啡	118
白摩卡咖啡	120
薄荷摩卡咖啡	122
马罗奇诺	124
欧蕾	126
越南冰咖啡	128
越南鸡蛋咖啡	130
椰奶咖啡	132
雪克罗多咖啡	134
苹果咖啡	136
甜橙咖啡	138
巴伦西亚咖啡	140
柠檬黄咖啡	142
亚麻雷多冰咖啡	144
橙 C 美式	146
咸柠气泡美式	148

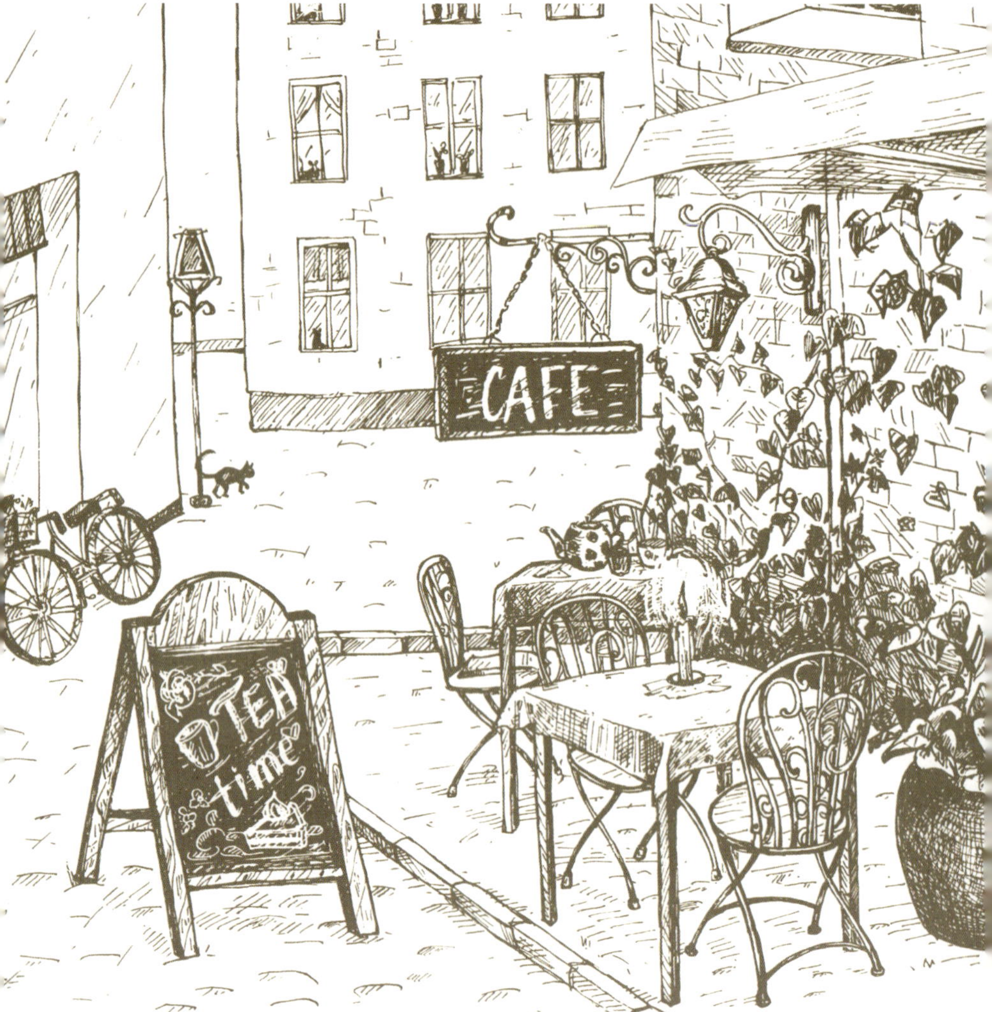
CAFE
TEA
time

咖啡的源头

part

Coffee

咖啡的来源

类似茉莉花的清香

播种后 18 ~ 30 个月才开花

咖啡樱桃

咖啡樱桃里有两粒种子

我们日常喝的咖啡，其实是咖啡树的种子做的，咖啡树的果实形状像樱桃，颜色艳红、深红，因此这种果实也被叫做"咖啡樱桃"或"黑莓"。

【生豆】

将生豆烘焙后

· 咖啡树 ·

咖啡树从播种到结果需要 3 ~ 5 年，其间会开出白花，细闻会有淡淡的茉莉花香，之后会结出绿色的果实。不同的咖啡树品种成熟时间不一样，阿拉比卡种需要 6 ~ 9 个月，罗布斯塔种需要 9 ~ 11 个月。绿色的果实成熟后整个变成深红色，就可以采收了，一般在成熟后 10 ~ 14 天采收。

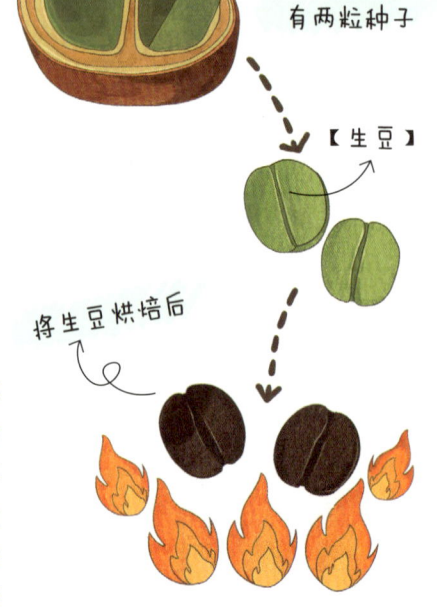

咖啡树→咖啡豆的神奇转变

·采收·

咖啡树可以采收12~15年，不同国家和地区的采收方法不完全一样，主要有机械采收、剥枝采收和手摘几种，高海拔的种植园、产区大多是手工摘果。

·分选·

先把果实和枝叶分开，再剔除不成熟的果实，把成熟的咖啡樱桃筛选出来，这就是分选。这一步既可以手工完成，也可以机器完成。

·咖啡豆的处理·

清除附着在咖啡豆外的部分。

🌱 日晒处理法

顾名思义，就是将咖啡樱桃直接放在太阳下晒干。这是最传统的自然干燥方法。
- 先剔除不成熟的生果和杂质。
- 铺在太阳下通过日照将豆子外的果肉水分蒸发。
- 当达到目标含水率，再通过机器碾碎外壳取出咖啡豆。

【外果皮】

【果肉】

【种皮】
学名叫果皮或银皮

【黏液】
学名叫果胶

【种子】

🌱 水洗处理法

- 先将咖啡樱桃浸泡水中，去除果皮、果肉。
- 将咖啡豆放进发酵池中进行发酵，利用发酵分解果胶层。
- 用清水反复清洗掉果皮上的果胶。
- 最后将咖啡豆晾晒1~2周。

🌱 蜜处理法

- 将咖啡樱桃用清水洗净后，去除果实的最外层，留下果肉，也就是果胶。
- 保留含有糖分的果肉一起曝晒，不断翻搅避免生豆发霉。
- 晒干后，再去除果肉、果胶和外壳。

湿剥法

- 先去除咖啡樱桃的果皮与部分果肉。
- 再晒干浆果,晒干过程不是直接将咖啡豆晒到含水率11%～12%的程度,而是晒到含水率30%～35%时,脱去表面硬壳,暴露出咖啡生豆。
- 之后再继续晒干,以特殊机器磨掉果肉、取出种子。

杯测

咖啡生豆被打包袋装送往世界各地前,会先进行杯测来确认品质,也就是试饮。以杯测判断咖啡的风味和口感,确认豆子的香气及味道,判断咖啡的甜味、酸味、苦味、后续余韵和香气,从而鉴定一款咖啡品质的高低。

袋装和出口

种植园培育的咖啡豆通过手选或机器挑出虫蛀豆等瑕疵豆与异物后,会被装入麻袋中打包,然后发往全球各消费地。

小贴士:产地发往消费地的都是咖啡生豆!

烘焙

处理后的咖啡豆需要烘焙,以发挥其风味和香气。市面上有烘焙好的咖啡豆供人们直接购买,也可以买咖啡生豆自己用烘焙机烘焙。

★烘焙度的变化和咖啡豆风味的具体关系详见22页。

有趣的咖啡起源故事

·牧羊人的故事·

传说非洲埃塞俄比亚有一位牧羊人名叫卡尔迪（kaldi）。

某一天放羊的时候，羊群突然疯狂地喧闹起来。

他仔细观察发现，每当羊群吃了一种野生灌木上的红色浆果后，就会变得异常兴奋。

卡尔迪带着这种神奇的浆果向附近的僧侣们询问缘由。

为首的僧侣认为这种浆果是恶魔的化身，便将其扔入火中，浆果在火焰中散发出神奇的香气。

夜晚时分，一位守夜的年轻僧侣偷偷从灰烬中拿走冷却后变成豆子的浆果。

他将豆子磨碎倒入热水中，喝了之后感觉精神倍增。世界上第一杯咖啡就这样意外诞生了。

摩卡的故事

公元13世纪中期，有个人名叫谢赫·欧玛尔（Sheikh Omar），他被指控涉嫌使用巫术，因此被流放到也门的摩卡地区。摩卡是一片荒漠，流放路途遥远，当他抵达时随身携带的干粮等食物已经耗尽。他无意中看到一只鸟正在啃食一种红色的果实，饥肠辘辘的他也试着尝了一口，但是口感不太好，除了酸涩外还有着一股苦味。于是他尝试用烘培的方式处理这些红色果实，并且用水来煮被烘培过的果实，结果发现煮后液体的口感相当不错。后来他靠这种烘培后煮的液体充饥，并成功走出沙漠，这就是最初的咖啡。此事传开后，人们将其视作神迹，并将咖啡尊奉为"神奇药水"，欧玛尔也被请回了故乡，咖啡也因此逐渐流传开来。

雪克·欧玛传说

相传在1258年，阿拉伯半岛的雪克·欧玛是摩卡的酋长，原本深受人民尊敬和爱戴，但是因犯罪被驱逐出境。他流浪至离摩卡非常遥远的瓦萨巴的山林中，饥肠辘辘无法继续行走，因此在一棵树下休息。他看见枝头上停着一只羽毛奇特的小鸟，在啄食了树上的果实后，发出极为悦耳婉转的啼叫声。雪克·欧玛便将此果实摘下并加水熬煮，不一会儿竟散发出浓郁的香味，不但口味独特，饮用后疲惫感也随之消散。欧玛便采集许多这种果实，遇见有人生病时，就将果实做成汤汁给他们饮用，病人也因此恢复精神。由于他四处行善，故乡赦免了他的罪过。回到摩卡的他，因发现这种果实而受到礼赞。据说这种果实，就是咖啡樱桃。

咖啡豆的三大主要种类

咖啡树的品种众多，总计超过五百种，主要品种有阿拉比卡（Arabica）、罗布斯塔（Robusta）和赖比瑞亚（Liberica）。不同品种的咖啡树，其来源和传播路径也各不相同。

\ 阿拉比卡 /

阿拉比卡种的咖啡豆占全世界咖啡总产量的65%以上，我们日常购买的咖啡大多是阿拉比卡种。其具有优质的香味和酸味，咖啡因含量较低，口味多样，可以呈现出花香、果味、巧克力和坚果等不同的风味特点。

阿拉比卡种咖啡树适宜栽种在海拔500~2000米的地区，它对环境的适应性相对较弱，容易受到霜害、病虫害的影响。

由于阿拉比卡种咖啡树的种植难度大，咖啡豆特性优质，其咖啡豆的价格通常比罗布斯塔种咖啡豆高。

Robusta

\罗布斯塔/

　　罗布斯塔种咖啡豆源自刚果，占全世界咖啡总产量的30%左右，种植海拔通常在800米以下，它适应能力极强，对病虫害具有较强的抵抗能力，种植条件的要求较低。其高抗病力、易栽培、产量高的特点，使罗布斯塔种咖啡豆价格较为低廉，通常是速溶咖啡和罐装咖啡的原料，也被当成复合配方豆使用。

　　罗布斯塔种咖啡豆颗粒较小，形状大小不一。与阿拉比卡种咖啡豆相比，罗布斯塔种咖啡豆的外形较圆，呈C形，生豆的颜色呈现黄棕色。罗布斯塔种咖啡因含量较高（约为3.2%），体脂感强烈，酸味很弱，具有树木、麦子香味。

Liberica

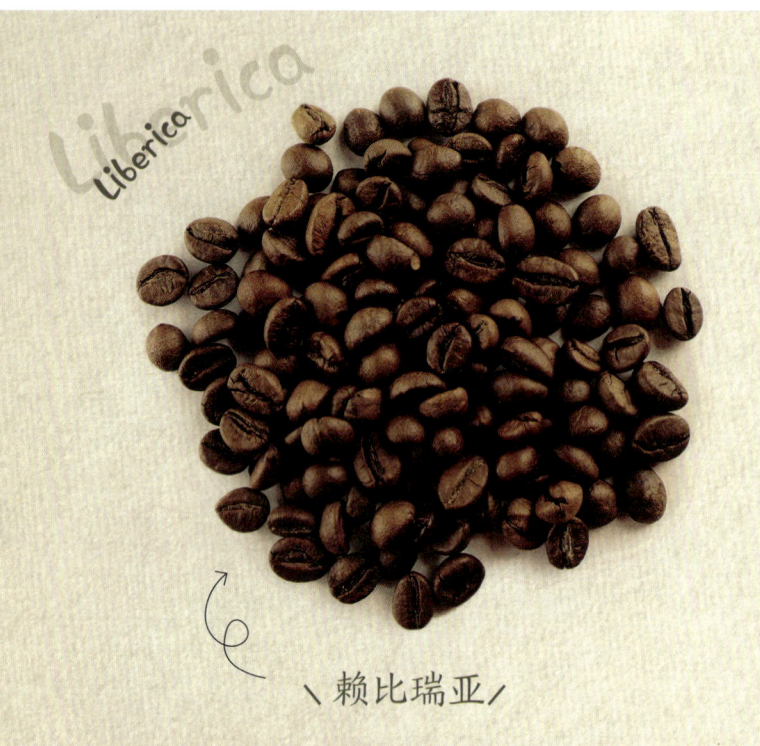

\ 赖比瑞亚 /

  赖比瑞亚种咖啡豆源自赖比瑞亚，生长在印度尼西亚爪哇岛上特定地区，产量较少，仅作为种源研究或在西非部分生产国作为国内交易，在世界咖啡市场较少见。

  赖比瑞亚种咖啡风味平平，经济价值不高。受到土壤和气候条件的影响，赖比瑞亚种的咖啡豆生豆带有微妙的菠萝蜜味，具有低酸度、浓郁且持久的口感，水洗处理后会产生柑橘味和花香，有的还会带有巧克力的香味和口感。

咖啡产地知多少

"咖啡腰带"
——南纬23°~北纬23°

咖啡树的栽培主要受到温度的限制，喜温暖忌高温，适宜种植温度为15~24℃，如果超过30℃，容易烧伤叶片。生长过程需要充足的阳光和雨水，采收期又需要干燥的天气，因此多种植于热带的高海拔地区。

咖啡树根部对氧气需求量大，因此土壤需要有良好的排水性，阿拉比卡种咖啡树最适宜火山灰地质土壤，罗布斯塔种咖啡树适合生长于含丰富腐殖质的土壤。

全球的咖啡种植区多集中于热带，因为刚好形成一道带状，在南纬23°~北纬23°之间，所以将这些区域称为"咖啡腰带"。

世界咖啡豆生产地前五名

巴西

巴西是世界第一大咖啡生产国和出口国，拥有广阔的土地和适宜的气候条件，是最理想的咖啡豆种植地之一。

巴西以优质且多样化的咖啡品种而闻名于世，咖啡风味特点是香气柔和、味道温和，酸味与苦味均衡，混配咖啡豆时多作为基础原料，能更好地凸显其他咖啡豆的味道。

代表性咖啡豆有巴西山度士、喜拉多咖啡等。

越南

越南是世界上第二大咖啡出口国，仅次于巴西，主要种植罗布斯塔种咖啡豆，市面上大部分罗布斯塔种咖啡几乎都是从越南出口的。越南咖啡基本上作为混合咖啡或者速溶咖啡使用，并以其浓郁的口感、低廉的价格而受到消费者青睐。

代表性咖啡豆有摩氏咖啡、中原咖啡、西贡咖啡、高地咖啡等。

哥伦比亚

哥伦比亚则以高品质阿拉比卡种咖啡豆而闻名于世，地理环境复杂和气候条件多样，使得咖啡产区分布广泛。

哥伦比亚产的咖啡豆香气、口感俱佳，是淡味咖啡的代表。代表性咖啡豆有哥伦比亚麦德林、波邦咖啡等。

印度尼西亚

印度尼西亚的苏门答腊岛和爪哇岛是世界著名的咖啡产地。印度尼西亚原本只种植苏门答腊铁皮卡咖啡，低酸、高甜，带有草本芳香的风味，但由于咖啡叶锈病席卷印度尼西亚全境后，只能引进抗病品种替代，加上以小农为单位进行种植，咖农对于品种的辨认能力相对较低，多个品种在一个区域内混杂，导致印度尼西亚的咖啡品种混乱、错综复杂。

印度尼西亚的代表性咖啡豆有曼特宁咖啡、托拉贾咖啡、爪哇咖啡、猫屎咖啡等。

埃塞俄比亚

埃塞俄比亚是阿拉比卡种咖啡豆的原产地，被誉为咖啡的"原始之乡"。埃塞俄比亚拥有丰富多样的土壤类型和高海拔山区，这些因素共同造就了该国独特而复杂口感的阿拉比卡豆。

埃塞俄比亚的代表性咖啡豆有西达摩、利姆、花魁咖啡等。

咖啡的成分和益处

·咖啡的成分·

咖啡因是一种生物碱,具有刺激性,能够刺激中枢神经系统,提高警觉性,减少疲劳感。不同种类的咖啡、不同的冲泡方法都会影响咖啡因的含量。

★ = 咖啡因 10 毫克

咖啡 [100 毫升]	绿茶 [100 毫升]	红茶 [100 毫升]
60~100 毫克	15~30 毫克	30~50 毫克

蛋白质 咖啡生豆中蛋白质的含量是12%,但这些蛋白质在冲泡过程中大多会留在咖啡渣中,只有极少部分会溶解在咖啡液中。

咖啡生豆含有脂类,由亚油酸、棕榈酸等油脂构成。阿拉比卡种的油脂含量较高,占20%左右,而罗布斯塔种的油脂成分最多占10%。 **脂类**

多糖类　多糖类是咖啡豆中含量最丰富的成分之一，占到35%～45%，在咖啡中主要起到支撑细胞结构和提供能量的作用。

低聚糖类（蔗糖）　在咖啡中低聚糖类主要指蔗糖，是咖啡甜味的来源之一。阿拉比卡种咖啡豆的蔗糖含量在10%左右，罗布斯塔种咖啡豆的蔗糖含量相对较低，为3%～7%。

绿原酸类占咖啡含量的5%～12%。阿拉比卡种咖啡豆绿原酸占比为5%～8%，而罗布斯塔种咖啡豆绿原酸占比为7%～11%。绿原酸具有抗氧化、抗菌、保护心脏和神经系统、调控糖脂代谢和抗肿瘤等生物活性，是咖啡中重要的苦味来源之一。**绿原酸类**

除绿原酸类以外，咖啡生豆中还含有多种其他有机酸，为咖啡提供了独特的酸味，如柠檬酸、苹果酸、奎尼酸、膦酸等，这些酸加起来只占咖啡成分的2%，具有抗氧化、抗炎和抗癌等作用。**其他酸类（除绿原酸类以外）**

氨基酸

咖啡生豆中氨基酸的含量为1%～2%，包括天门冬氨酸、谷氨酸等。氨基酸在咖啡豆烘焙过程中会参与美拉德反应等化学反应，影响咖啡的着色度和风味。

喝咖啡的好处

利尿消肿　缓解压力　保护心血管　促进消化与代谢　提神醒脑　预防糖尿病

提神醒脑

咖啡中含有咖啡因，这是一种中枢神经兴奋剂，能够刺激大脑皮质，促进血管扩张，提高新陈代谢，减少肌肉疲劳，从而提神醒脑，适合脑力劳动者和需要长时间集中注意力的人群。

促进消化与代谢

咖啡中的酸性物质能促进胃酸分泌，促进胃肠蠕动，缓解消化不良，帮助排便，还可以刺激中枢神经系统，加快人体新陈代谢，有助于脂肪的分解和消耗。

保护心血管

咖啡中含有多酚类物质（也被称为黄酮类化合物），具有超强的抗氧化功能，能够清除体内的自由基，减少血管壁的氧化损伤，降低患心血管疾病的风险。

利尿消肿

咖啡中的咖啡因能够刺激肾脏功能，增加排尿量，促进体内水分和钠离子的排出，从而有助于缓解水肿现象。

缓解压力

咖啡的香味可以促进多巴胺（一种让人心情愉快的脑激素）的分泌，其苦味和酸味还可以减轻精神压力。

预防糖尿病

咖啡中的绿原酸类可以改善血糖值，影响胰岛素分泌和增加新陈代谢，从而降低糖尿病的发病率。

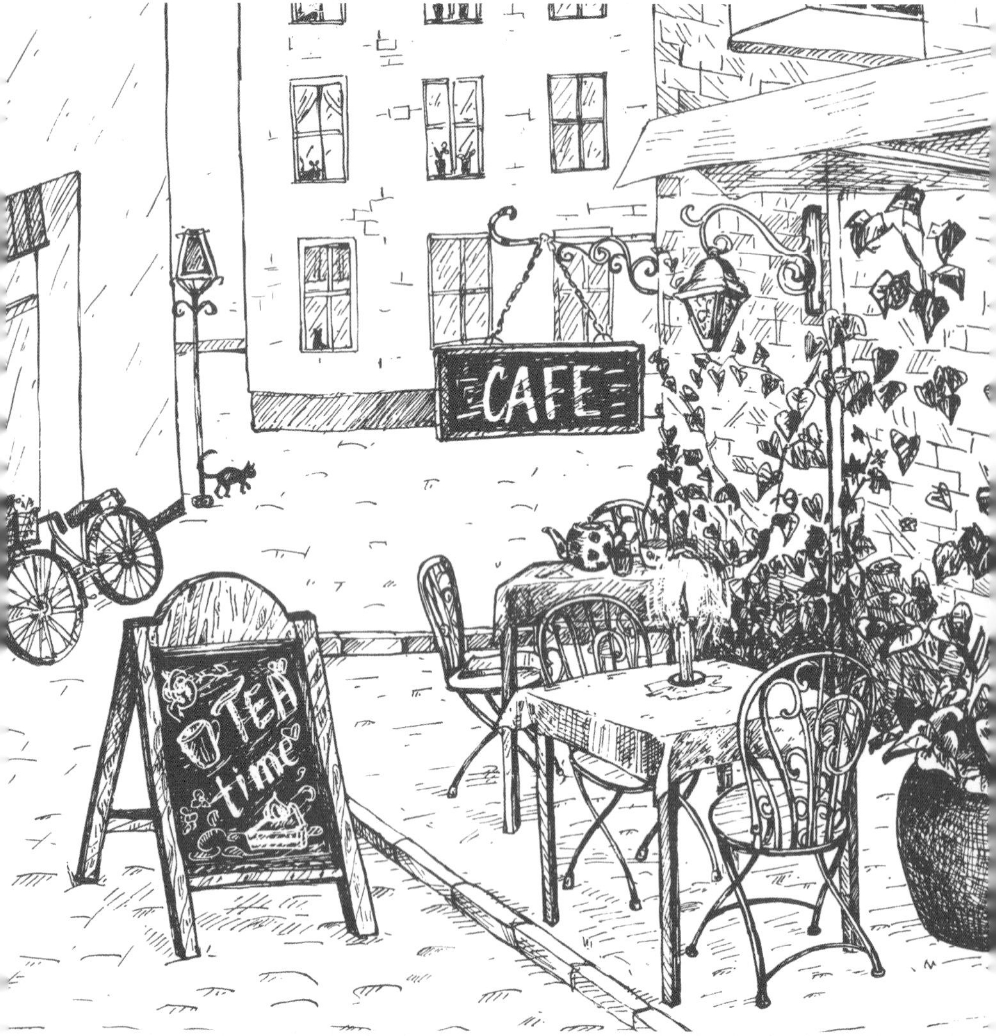
CAFE
TEA
time

咖啡豆的选择和加工

part 2

咖啡的烘焙艺术

·咖啡香味从哪来？·

喝咖啡的时候，通常都是品尝咖啡独特、浓郁的香味，那么咖啡的香味是从哪来的？是果实本来就有这种独特香味吗？

答案：不是。

咖啡生豆中含有多达200种芳香成分，但是如果直接吃咖啡生豆，或用咖啡生豆煮水，是品尝不出咖啡的那种香味的。只有用火烘焙后的咖啡豆，才会散发出独特的、充满魅力的香味。烘焙的过程中，咖啡豆会产生美拉德反应和焦糖化现象，这都是咖啡香味的形成原因。

焦糖化现象

烘焙时，咖啡豆的颜色会发生变化，焦糖化现象是烘焙初期的重要现象之一，它能使咖啡中的糖类（如蔗糖）在没有氨基酸或蛋白质存在的情况下，加热至一定温度时发生氧化与褐变反应，使咖啡豆的颜色逐渐加深。

烘焙过程中，糖分子会分解并重新组合，形成数百种挥发性芳香物质，这些物质中呋喃类化合物是构成咖啡香味的重要成分，能产生咖啡独特的焦糖香、蜂蜜香、果香和坚果香等风味。

此外，焦糖化现象还会产生二乙酰等化合物，这些物质具有奶油糖的香味，进一步丰富了咖啡的风味。

美拉德反应

美拉德反应在烘焙的中后期占据主导地位，是咖啡香气和色泽的重要来源。

美拉德反应是氨基酸与还原糖（如葡萄糖、果糖等）在加热条件下发生的一系列复杂反应，包括缩合、脱水、脱羧和裂解等，最终生成多种挥发性芳香化合物和棕色聚合物。能生成多种芳香化合物，如吡嗪类、呋喃类、醛类等，赋予咖啡鲜香、花香、巧克力香、泥土气息与烘烤类香气等多种风味特征。

> 选择不同的咖啡生豆来烘焙，产生的香味是不一样的。即使是同一种咖啡生豆，如果烘焙时的升温方法不同、烘焙程度不同，产生的香味也不同。

·咖啡豆的烘焙度变化·

烘焙度从浅烘焙到深烘焙不等,烘焙度越深,咖啡的风味越浓,酸度越低。烘焙过程需要严格控制温度和时间,以确保烘焙均匀,满足特定的风味要求。

浅烘(Light Roast)

浅度烘焙包括轻度烘焙和肉桂烘焙两个阶段,咖啡豆会变成浅黄色。这个阶段的咖啡虽然具有独特的香气,但是品尝不出咖啡的苦味、甘甜的口感以及浓郁的香味。多用于做杯测,很少用作饮品。

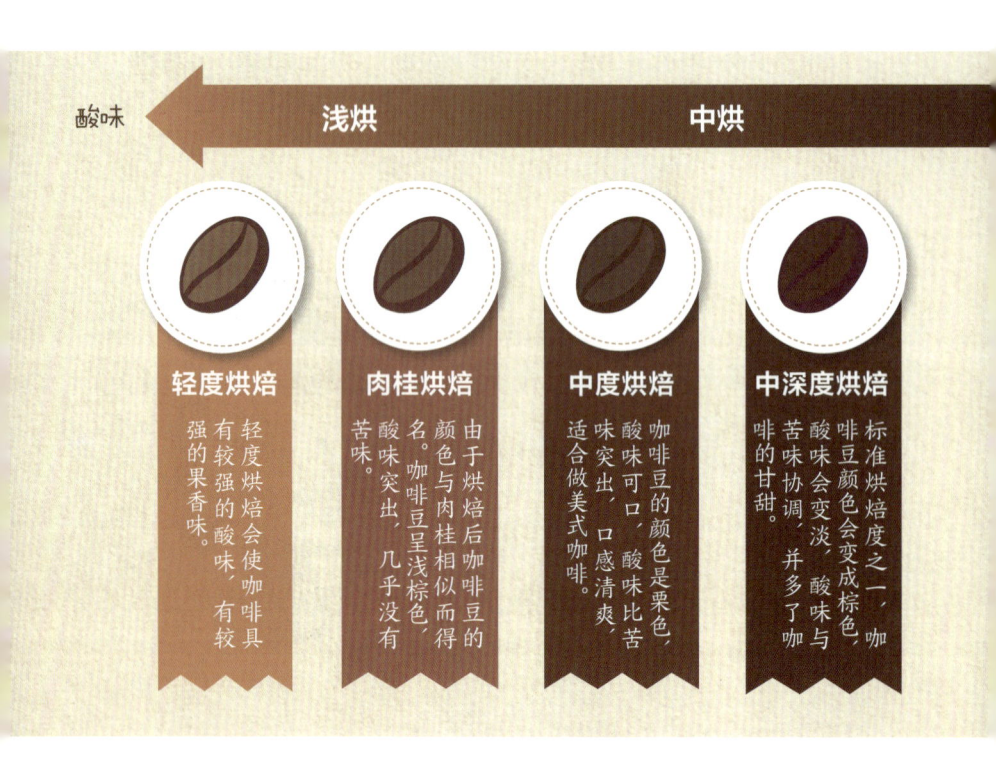

酸味 ← 浅烘 中烘

轻度烘焙

轻度烘焙会使咖啡具有较强的酸味,有较强的果香味。

肉桂烘焙

由于烘焙后咖啡豆的颜色与肉桂相似而得名。咖啡豆呈浅棕色,酸味突出,几乎没有苦味。

中度烘焙

咖啡豆的颜色是栗色,酸味可口,酸味比苦味突出,口感清爽,适合做美式咖啡。

中深度烘焙

标准烘焙度之一,咖啡豆颜色会变成棕色,酸味会变淡,酸味与苦味协调,并多了咖啡的甘甜。

中烘 (Medium Roast)

包括较浅的中度烘焙、中深度烘焙、城市烘焙几个阶段,这个阶段咖啡豆颜色会变成栗色、深棕色。

这个阶段初期咖啡豆会体现出较强的酸味,而烘焙度提高后苦味也会慢慢体现出来,苦味和酸味渐渐平衡。

深烘 (Dark Roast)

深度烘焙包括全城市烘焙、法式烘焙、意式烘焙几个阶段,烘焙后咖啡豆表面黝黑、具有光泽。

这个阶段咖啡的酸味会明显减少,咖啡苦味渐渐突出,具有非常醇正的口感,挥发性成分转移到咖啡豆的表面,使咖啡豆散发出独特且浓郁的香气。但这种香气挥发得非常快,因此需要密封保存。

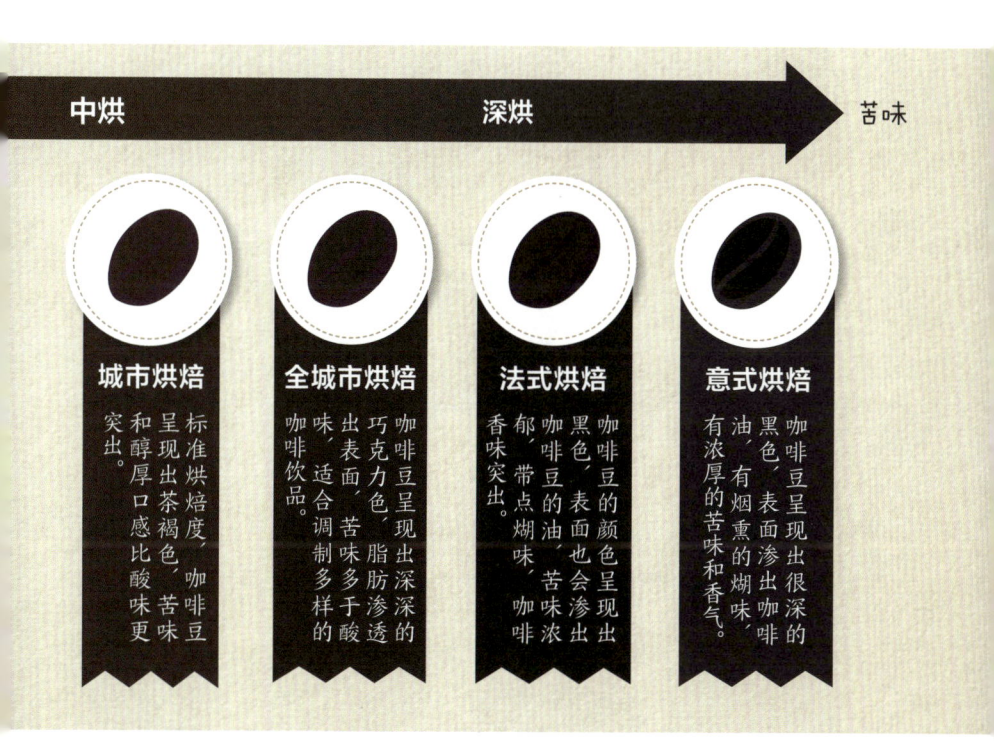

中烘 ——————→ 深烘 ——————→ 苦味

城市烘焙
标准烘焙度,咖啡豆呈现出茶褐色,苦味和醇厚口感比酸味更突出。

全城市烘焙
咖啡豆现出深深的巧克力色,脂肪渗透出表面,苦味多于酸味,适合调制多样的咖啡饮品。

法式烘焙
咖啡豆的表面也会渗出咖啡的油,带点糊味,苦味浓郁,香味突出。

意式烘焙
咖啡豆的颜色呈现出黑色,表面渗出咖啡油,有烟熏的糊味,有浓厚的苦味和香气。

如何挑选咖啡豆？

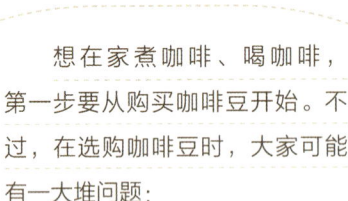

想在家煮咖啡、喝咖啡，第一步要从购买咖啡豆开始。不过，在选购咖啡豆时，大家可能有一大堆问题：

想要哪个国家产的？

喜欢什么口感？

什么品种的咖啡豆？

喜欢酸味还是苦味？

然而，这种复杂的问题对新手来说太难了！接下来我们简单介绍下挑选咖啡豆的原则，帮助您挑选出最适合您的咖啡豆！

买咖啡粉还是咖啡豆？

咖啡豆		咖啡粉
1.咖啡豆能保留咖啡更多的香气和风味 2.可以根据自己的口味和冲泡设备选择研磨度，从而调整咖啡的口感	口感	研磨后香气和风味逐渐散失
咖啡豆更容易储存，新鲜度更高	保存	咖啡粉由于表面积增大，更容易吸收空气中的湿气和异味，一旦打开包装，应尽快食用以保持新鲜
需要自己研磨，步骤较为烦琐	方便性	方便快捷，可以直接用于滴滤机、法压壶或意式咖啡机，能减少冲泡时间

· 选混配豆还是单一豆？·

🌱 混配豆：

将多种不同产地、品种或风味的咖啡豆按一定比例混合而成。

【特点】

- 风味多样：通过混合不同特性的咖啡豆，可以创造出层次丰富、风味独特的咖啡。
- 稳定性：混配咖啡豆能够平衡各种咖啡豆的优缺点，使得整体风味更加稳定。
- 适用性广：适用于多种冲煮方式，特别是意式咖啡机制作的花式咖啡，如卡布奇诺、拿铁等。

🌱 单一豆：

是指来自同一产地、同一品种的咖啡豆。

【特点】

- 风味独特：能够充分展现该产地咖啡豆的独特风味和香气。
- 变化性：受气候、土壤等自然因素影响，每年的风味可能有所不同。
- 适合手冲：通常适合手冲、法压壶等能够充分展现咖啡豆风味的冲煮方式。

咖啡品种、产地

全球主要咖啡豆产地有南美洲（如巴西、哥伦比亚、巴拿马）、非洲（如肯尼亚、埃塞俄比亚等）和亚洲（如印度尼西亚、印度），当然还有我们国家的云南。不同产地的咖啡豆因气候、土壤等条件不同，具有各自独特的风味特点。

	风味特点	适合人群
巴西	酸苦均衡，口感圆润且易饮性强，带有坚果和巧克力的香气	口感平衡，适合咖啡新手
哥斯达黎加	带有明亮酸度和柔和的甜味，以及微妙的果香和花香	适合偏好柔和细腻口感，喜欢清新果香咖啡的人群
哥伦比亚	能品尝到不同产地的风味，从柔和到偏酸的多种风味并存，常伴有坚果、焦糖和巧克力的香气	适合喜欢探索多样风味，追求口感层次丰富的人群
危地马拉	酸味柔和，带有坚果和巧克力的余韵，以及微妙的果香	适合偏爱温和口感，享受一定酸度和醇厚感的咖啡爱好者
尼加拉瓜	酸味清爽，带有甜美的果香和焦糖香气，口感圆润且不失活力	适合喜欢明亮酸度和甜美果香的人群
巴拿马	馥郁的花香口感，带有复杂的果香、花香和蜂蜜般的甜味	以瑰夏咖啡闻名，适合喜爱高海拔精品咖啡的爱好者

	风味特点	适合人群
牙买加	优雅与均衡,带有细腻的酸度、醇厚的口感和丰富的果香	以蓝山咖啡闻名的国家,适合追求高品质、高格调,喜欢均衡口感的咖啡爱好者
越南	苦味浓郁,带有一定的焦香和草本香气	口感浓郁,适合喜欢传统越南滴漏咖啡的咖啡爱好者
印度尼西亚	酸味较少,口感醇厚且饱满,常伴有土壤和木质的气息	以曼特宁咖啡闻名,适合喜欢低酸度、重口味,追求醇厚口感的咖啡爱好者
也门	果酸风味独特,带有香料和巧克力的香气	以摩卡玛塔利咖啡闻名,适合喜欢独特果酸风味,追求异域风情的咖啡爱好者
埃塞俄比亚	芬芳的香气与水果般的酸味并存,口感清新且充满活力	以摩卡哈拉、西达摩咖啡闻名,适合喜欢明亮酸度、清新果香和芬芳香气的咖啡爱好者

云南知名咖啡

咖啡名称	品种	风味
云南小粒咖啡	卡蒂姆	瓜果香、甜瓜、红糖、李子酸、红茶感
云南日晒卡蒂姆	卡蒂姆	坚果、巧克力、香料、焦糖、红色浆果
云南花果山	铁皮卡	李子、红糖、甜瓜、普洱茶香气
云南大理咖啡	阿拉比卡混合种（卡蒂姆、铁皮卡等）	口感浓郁复杂，巧克力、坚果
丽江红塔咖啡	阿拉比卡混合种（卡蒂姆、波旁等）	酸度适中、甜度高、苦涩少，巧克力、水果香气
普洱茶咖啡	普洱特定品种或阿拉比卡混合种	普洱咖啡豆表面有细腻白色霜雪花纹，果香、花香、陈年茶叶香气
保山蜜	阿拉比卡混合种（卡蒂姆、铁皮卡等）	浓郁而甘甜、酸度适中、苦涩少，巧克力、焦糖香气
云南瑰夏	瑰夏	甘甜，茉莉花、绿茶、蜂蜜、红豆汤、红糖香气

咖啡的风味

美国精品咖啡协会（SCAA）的咖啡风味轮将咖啡风味分成花香、水果、酸感/发酵的、绿色/蔬菜型、烘烤的、香料型、坚果类/可可、甜感和其他的九大类，细分风味达上百种。

但新手入门完全搞不清这上百种风味，也品尝不出具体的区别，怎么办？

我们将风味轮简化，把咖啡风味分为两大类：苦味系和酸味系。

·咖啡风味和烘焙度的关系·

根据烘焙方法的不同,一般分为浅度烘焙、中度烘焙、深度烘焙。同种豆子不同烘焙度,酸味和苦味也会有所不同。

浅烘	中烘	深烘
花香	坚果	树脂
果香	焦糖	香料
草本香	可可香	碳烧香

酸味 ← → 苦味

结合上面的风味、烘焙程度,将自己的喜好告知商家,其便会为您推荐相应的咖啡豆!

咖啡的储存

温度和湿度越高，咖啡坏得越快。烘焙后的咖啡豆更容易受潮，需要用冰箱冷藏保存。咖啡豆可以保存1～2个月，粉末状态可以保存2～3周的时间。

密封保存　　冷藏保存　　避免受潮　　避免阳光直射　　隔绝异味

密封保存

咖啡豆接触空气后会氧化而变味，影响咖啡的口感和香气。因此，应将咖啡豆存放在密封的容器中，如玻璃瓶、陶瓷罐或真空密封袋中，减少与空气接触。

避免阳光直射

咖啡生豆含有脂类,由亚油酸、棕榈酸等油脂构成。阿拉比卡种的油脂含量较高,占20%左右,而罗布斯塔种的油脂成分最多占10%。

避免受潮

潮湿环境容易导致咖啡豆受潮发霉,影响咖啡的质量。应确保存放咖啡豆的地方阴凉干燥,避免将咖啡豆存放在浴室或水槽附近等潮湿环境中。

储存容器

无论是储存咖啡豆或咖啡粉,都要选择密封性良好的容器,如带有重型密封盖的罐头罐、密封夹链袋、咖啡真空罐或单向排气阀包装。这些容器能有效防止空气、湿气和异味进入,从而延长咖啡的保质期。

分装储存

咖啡豆容易受到异味和湿气的污染,因此应将不同种类的咖啡豆分别储存,避免异味交叉污染。已开封的咖啡豆应尽快饮用,最好在两周内饮用完。

咖啡豆的研磨

咖啡豆烘焙后,需要进行研磨才能冲泡。研磨的粗细程度直接影响咖啡风味:粗研磨会赋予咖啡更加饱满、醇厚的口感;细研磨能释放咖啡更浓烈、丰富的香气与味道。研磨需要使用专门的咖啡研磨机,以确保咖啡粉颗粒均匀,过度研磨会影响咖啡的风味。

· 粗研磨 ·

磨出的咖啡颗粒与粗砂糖差不多,苦味较少,酸味略强,由于粗研磨咖啡的浓度较淡,冲泡一人份时,推荐使用较多的还是咖啡粉。

粗研磨萃取器具:

法式压滤壶

过滤式咖啡壶

· 中研磨 ·

中研磨的颗粒粗细介于粗砂糖和细砂糖之间，是最普遍的颗粒粗细度，市面上贩售的咖啡都是这种粗细度。

中研磨萃取器具：

滤纸滴滤　　　　　虹吸壶

细研磨萃取器具：

· 细研磨 ·

细研磨度的咖啡接近粉末状，与细砂糖粗细差不多。磨得越细、越均匀，可提取的咖啡成分越多，适合萃取浓厚口感的咖啡，也适合冷泡咖啡。

滤纸滴滤　　　　　摩卡壶

· 极细研磨 ·

极细研磨是咖啡研磨程度里最细的，如粉末般。磨出来的咖啡几乎没有酸味，突出苦味。

极细研磨萃取器具：

意式咖啡机

咖啡豆的研磨机

合理地研磨可以将咖啡豆磨得细腻，冲煮时能更高效地萃取咖啡。咖啡研磨机主要分为手动研磨机和电动研磨机。选择研磨机主要看研磨出的咖啡颗粒是否均匀，研磨过程是否会产生高温，清洁是否便利等因素。

手动研磨机

手动研磨机是通过旋转把手，用里面的刀刃将咖啡豆磨成粉末状的工具，可以通过螺钉调节咖啡粉所需的粗细度。

把手 保持稳定的速度旋转把手，是磨出均匀咖啡粉的重点。

刀刃 手动研磨机通过刀刃研磨咖啡豆，不同研磨机的刀刃锋利程度不一样，需要研磨的时间也有差别。

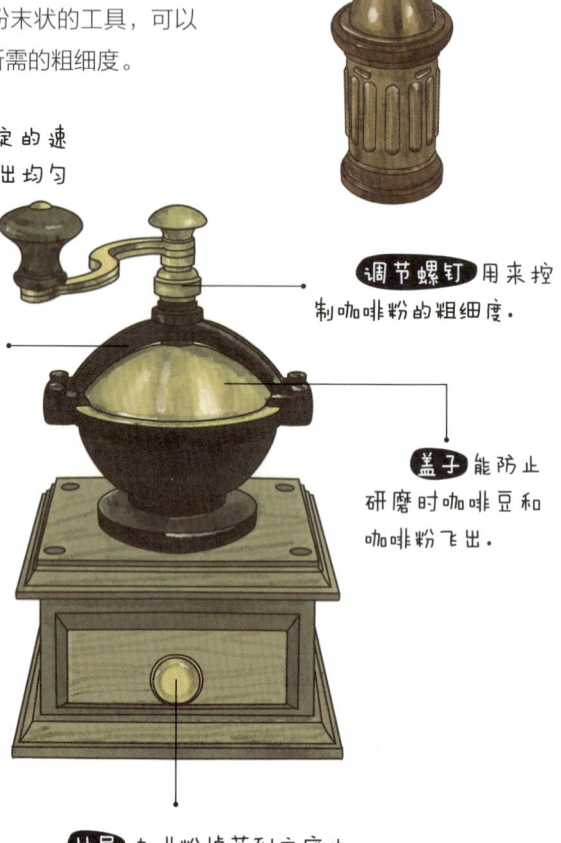

调节螺钉 用来控制咖啡粉的粗细度。

盖子 能防止研磨时咖啡豆和咖啡粉飞出。

抽屉 咖啡粉掉落到底座的小抽屉中，基本是一次饮用量。

电动研磨机

电动研磨机通过电机驱动，速度快、效率高，可以按照需求控制咖啡粉粗细。

盖子 咖啡豆从这里倒下去并盖上盖子。

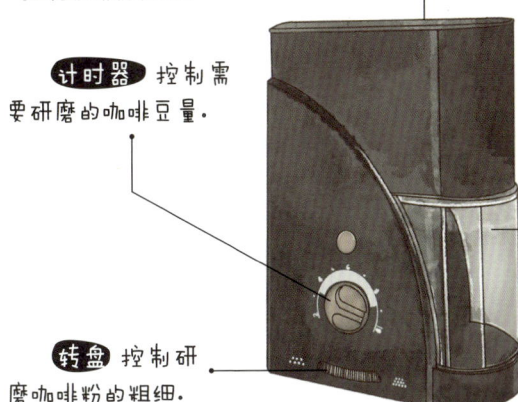

计时器 控制需要研磨的咖啡豆量。

盒子 装研磨好的咖啡粉。

转盘 控制研磨咖啡粉的粗细。

意式咖啡机手柄专用电动研磨机

把意式咖啡机手柄直接卡上，磨好的咖啡粉就能直接装到手柄中。

手动研磨机与电动研磨机对比

	价格	噪声	携带	效率	操作	研磨效果
手动研磨机	低	小	方便	低	较麻烦	不一定均匀
电动研磨机	高	大	不便	高	简单方便	均匀

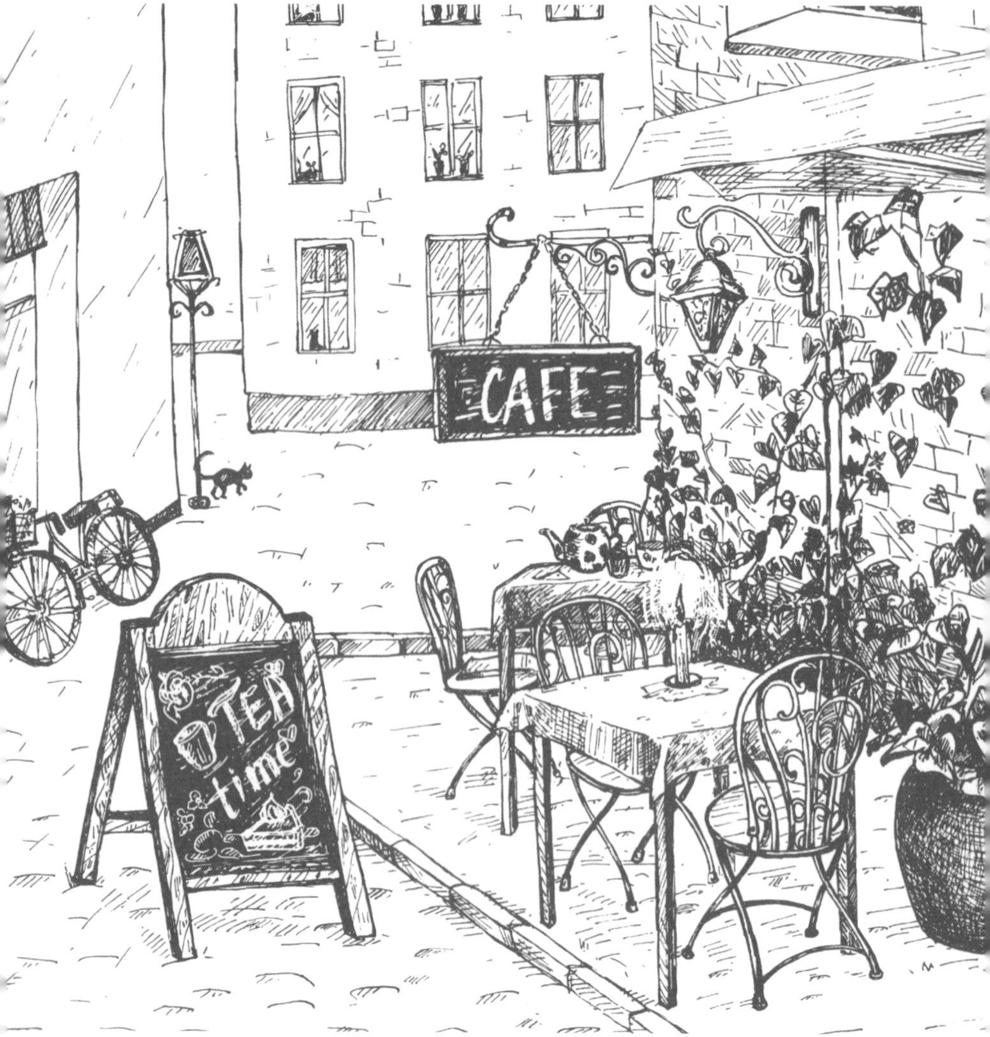
CAFE
TEA
time

part 3 咖啡的百变冲泡工具

咖啡的不同产品

速溶咖啡

速溶咖啡一般是粉末状，加入热水冲开即饮，速溶的黑咖啡常伴有苦味、涩味，通常会添加植脂末、香精、糖等来抵消这些负面风味。

浓缩咖啡液

咖啡液是比速溶咖啡更进一步的工艺，直接把咖啡液倒入水、奶等液体中，即可饮用。主要分为需冷藏保存的冷萃和常温保存的咖啡液两种。

咖啡粉

直接用咖啡粉作为原料生产的咖啡产品，市面上也有很多纯粹的咖啡粉，咖啡粉产品有挂耳咖啡、胶囊咖啡等。

但是咖啡粉有几个缺点：

- **不新鲜**：进口咖啡粉研磨后香气、油脂都会快速挥发，风味损失非常大。
- **研磨度无法调整**：进口咖啡粉大部分都是按照意式咖啡研磨的，但不同的咖啡研磨度不一样，可能会影响咖啡风味。
- **豆子品质不详**：商业品牌的咖啡粉基本是拼配豆，且使用的是商业豆进行拼配，原料品质可能比新鲜烘焙的咖啡豆差。

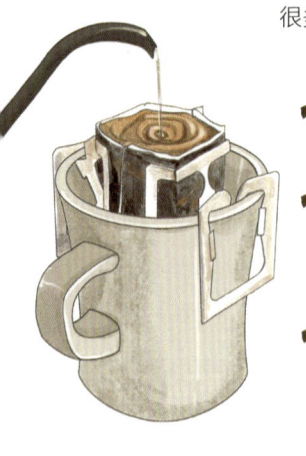

即饮咖啡

即饮咖啡主要分为黑咖啡和奶咖两种，也有很多创新产品，不一一赘述。奶咖可能添加了糖、乳粉、奶油、香精等，咖啡因含量不是很高。因此购买时最好查看一下配料表，是否只有水、咖啡粉等配料。

现磨咖啡

1 意式咖啡：通过意式咖啡机进行高压萃取的咖啡浓缩液，叫做意式浓缩咖啡。想做出美式、拿铁、卡布奇诺，都要先有这一小杯意式浓缩咖啡才可以。

2 滴滤式咖啡：也就是手冲咖啡，用手冲壶、滤杯等萃取工具，用热水浇注的方式从咖啡粉中萃取出一杯咖啡。

3 浸泡式咖啡：这种萃取方式的代表是法压壶制作的咖啡，以及冰酿咖啡。

4 虹吸式咖啡：用虹吸壶加热萃取的咖啡。

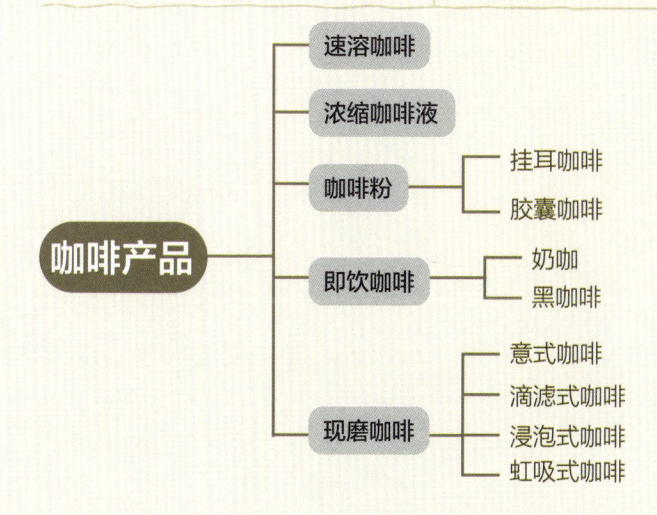

咖啡产品
- 速溶咖啡
- 浓缩咖啡液
- 咖啡粉
  - 挂耳咖啡
  - 胶囊咖啡
- 即饮咖啡
  - 奶咖
  - 黑咖啡
- 现磨咖啡
  - 意式咖啡
  - 滴滤式咖啡
  - 浸泡式咖啡
  - 虹吸式咖啡

不同的咖啡伴侣

糖浆

常见于奶茶店和咖啡店中，甜度高，但长期摄入对人体健康不利。

白砂糖

白砂糖是粗粒结晶固体，色白，甜度适中，杂质较少，不会过于影响咖啡的原有风味，是咖啡中常用的糖之一。

· 水 ·

水主要分为软水与硬水。

含有较多矿物质，如钠、锰、钙、镁等的水为硬水，硬水会将咖啡因及丹宁酸释出，使咖啡的味道大打折扣。

理想的咖啡用水应该是软水，可使用净水器与装活性炭的过滤器过滤自来水，烧沸后使用也能减少水中的杂质及气味。

· 糖 ·

糖是咖啡中常见的甜味剂，用于平衡咖啡的苦味。糖的种类繁多，用于咖啡调味的有白砂糖、细粒冰糖、黑砂糖、咖啡糖、果糖等。

方糖

精制糖加水后凝固成块，保存很方便，且易溶解。

糖粉

属于精制糖，颗粒极细易于溶解，通常是5~8克的小包装。

冰糖

呈透明结晶状，甜味较淡，且不易溶解，通常会磨成细颗粒。

红糖

带有一定的焦糖风味，与咖啡搭配会改变原有的风味。

黑砂糖

一种褐色砂糖，有点焦糊味，普遍用于爱尔兰咖啡的调制。

咖啡糖

专门用于咖啡的糖，为咖啡色的砂糖或方糖，与其他的糖比较，咖啡糖留在舌头上的甜味更持久。

·奶类·

花式咖啡由不同的奶搭配浓缩咖啡液而制成,奶是咖啡伴侣中最常见的选择。

全脂牛奶

含有较高的脂肪和乳脂,与咖啡搭配可以创造出浓郁的奶泡和顺滑的口感。

低脂牛奶

脂肪含量较低,适合注重健康的人群。虽然口感可能略逊于全脂牛奶,但同样可以与咖啡完美融合。

植物奶

如豆奶、杏仁奶、燕麦奶等,这些植物奶各有特色,可以为咖啡带来不同的风味和口感。

咖啡伴侣奶精

一种人工调制品,主要成分为植脂末,不含牛奶成分,但模拟了牛奶的口感和风味。

咖啡的区分方法

意式咖啡、精品咖啡、滴滤咖啡，傻傻分不清？

意式咖啡

意式咖啡就是用意式咖啡机将7克咖啡粉加92℃的水，萃取25~30秒时间，得到30毫升咖啡液，这部分咖啡液被称为"Espresso"，也就是意式浓缩咖啡。

美式咖啡就是用意式浓缩咖啡加上适量的水制作而成的。我们日常喝的拿铁、卡布奇诺、摩卡、玛奇朵等等，也都是用意式浓缩咖啡配合不同比例的牛奶与奶泡加工而成（有的再加点奶油、巧克力等），由此也延伸出了如今的生椰拿铁、燕麦拿铁、气泡美式等。

精品咖啡

精品咖啡仅使用单一产地或品种的咖啡豆来进行烘焙、研磨、冲煮出来的咖啡，也就是前面提到的单一豆。每一种精品咖啡（即不同品种的咖啡豆）都有其独特的风味，如曼特宁的草药味、耶加雪啡的茉莉花味、西达摩的果酸味，不同产地、不同气候都可能使产出的咖啡有不同的风味。

滴滤咖啡

在普通大气压下，让热水通过一层咖啡粉，将咖啡粉的芳香物质萃取出来。

> **小贴士**
>
> 滴滤咖啡和手冲咖啡的区别在于概念、冲泡方式和口感的不同。滴滤咖啡包括手冲咖啡，也有用机器制作的，但不仅限于手冲咖啡，手冲咖啡是滴滤咖啡里的一种冲泡方式。

卡布奇诺、澳白、拿铁分不清？

咖啡香浓郁程度：澳白 > 卡布奇诺 > 拿铁

奶泡薄厚程度：卡布奇诺 > 拿铁 > 澳白

拿铁

卡布奇诺

澳白

- ➔ **拿铁奶泡「绵」**：一杯拿铁奶泡厚度至少要有 1 厘米或以上才算合格，打发成绵密的幼奶泡，形成软绵绵、细腻的层次感。
- ➔ **澳白奶泡「滑」**：澳白的奶泡必须打发成薄幼泡，厚度必须在 0.5 厘米以下，泡面看不到大颗泡粒，泡啡融合度要高才算合格。
- ➔ **卡布奇诺奶泡「厚」**：一杯卡布奇诺拥有足量的奶泡，非常厚密，醇厚丝滑。

·花式咖啡·

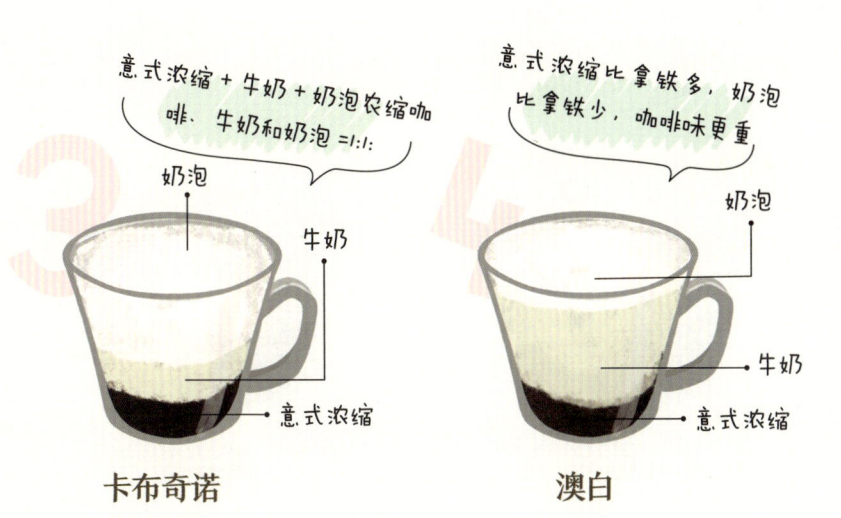

浓缩咖啡、牛奶和奶泡比例为 1:2:1

美式咖啡
- 水
- 意式浓缩

拿铁
- 奶泡
- 牛奶
- 意式浓缩

意式浓缩 + 牛奶 + 奶泡，浓缩咖啡、牛奶和奶泡 =1:1:1

卡布奇诺
- 奶泡
- 牛奶
- 意式浓缩

意式浓缩比拿铁多，奶泡比拿铁少，咖啡味更重

澳白
- 奶泡
- 牛奶
- 意式浓缩

"澳白缩小版"，意式浓缩与牛奶的比例为 1:1

- 蒸汽牛奶
- 意式浓缩

可塔朵

- 牛奶
- 滴滤咖啡

欧蕾

浓缩咖啡和奶泡比例为 2:1 加上焦糖酱就是焦糖玛奇朵

- 奶泡
- 意式浓缩

玛奇朵

- 鲜奶油／奶泡
- 牛奶
- 巧克力
- 意式浓缩

摩卡

因为只在意式浓缩中加入打发的鲜奶油，所以有时被称为"单头马车"

- 港式奶茶
- 滴滤咖啡

鸳鸯咖啡

- 打发鲜奶油
- 意式浓缩

康宝蓝

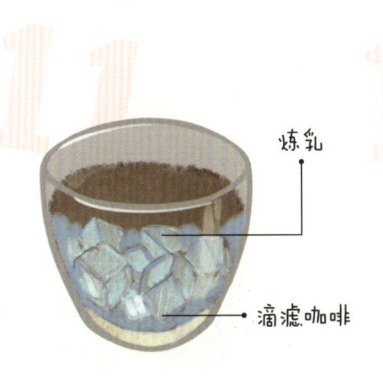

- 炼乳
- 滴滤咖啡

越南冰咖啡

- 可可粉
- 奶泡
- 意式浓缩

马罗奇诺

13 阿芙佳朵

- 冰淇淋
- 意式浓缩

14 布雷卫

> 淡奶油和牛奶比例为 1:1

- 牛奶
- 淡奶油
- 意式浓缩

15 比切林

- 鲜奶油
- 巧克力
- 意式浓缩

16 克烈特咖啡

> 意大利人大多会加入渣酿白兰地

- 利口酒
- 意式浓缩

鲜奶油

威士忌

滴滤咖啡

爱尔兰咖啡

希腊冰咖啡做法，多用速溶咖啡粉

牛奶

冰块

砂糖　　滴滤咖啡

法拉沛咖啡

Coffee

咖啡冲泡方式全解

咖啡都是由磨好的咖啡粉和热水制作而成的，咖啡粉研磨的粗细程度与冲煮方法有关。

根据水和咖啡粉的接触方式，咖啡的冲泡主要分为泡煮法、高压法、蒸馏法、过滤法、冰酿法。

·泡煮法·

直接把咖啡末放在杯子里，加入热水，冷却后咖啡末会沉底，此时饮上面的咖啡即可。

或者把咖啡末放入锅中，直接煮开饮用，这种方式煮出来的咖啡称为"牛仔咖啡"。

代表工具：伊芙利克壶

·蒸馏法·

水在壶的下半部被煮开至沸腾后，借由蒸汽的压力滚水上升，经过装有咖啡粉的中层过滤器，而至壶的上半部。蒸馏结束后，即得到蒸馏出的咖啡液。

注意，当咖啡开始流向壶的上半部时，需将火关小，因为温度太高会使咖啡产生焦味而破坏了其原始风味。

代表工具：摩卡壶、虹吸壶

·高压法·

此法就是用极热但非沸腾的热水（92~96℃）烧开进入顶层，然后自上而下，借由高压冲过研磨成很细的咖啡粉末，在20~30秒时间内萃取出约30毫升的咖啡液，可以连续萃取数杯咖啡，冲煮过程中的高压能将咖啡豆中的油质和胶质乳化溶解，使煮出的咖啡浓度更浓，口味和香味更好。

代表工具：意式咖啡机

小贴士　高压法和蒸馏法的区别：

高压法和蒸馏法相似，但是高压法是自上而下，蒸馏法是从下至上。

蒸馏法所得到的咖啡浓度可与意式浓缩咖啡相比，只是表面没有浮油（也就是咖啡术语中常说的咖啡油脂）。如果在咖啡溢出口加装加压垫片，也可以萃取出金黄色的咖啡油脂。

·过滤法·

咖啡过滤法，也就是滴滤咖啡的冲泡方式，把咖啡末放在滤纸或金属滤器上，热水自上而下流过，过滤出咖啡液。咖啡的浓度与加水比例和咖啡末粗细有关，但一般低于浓缩咖啡。

代表工具：手冲壶、过滤杯、法压壶

·冰酿法·

　　冰酿咖啡，又称"冰滴咖啡"，即不使用热水，而是用冰块融解所产生的冰水，慢慢滴过装有咖啡粉的过滤器而萃取到的咖啡。调制一杯冰酿咖啡耗时长、成本高，但口味极佳。

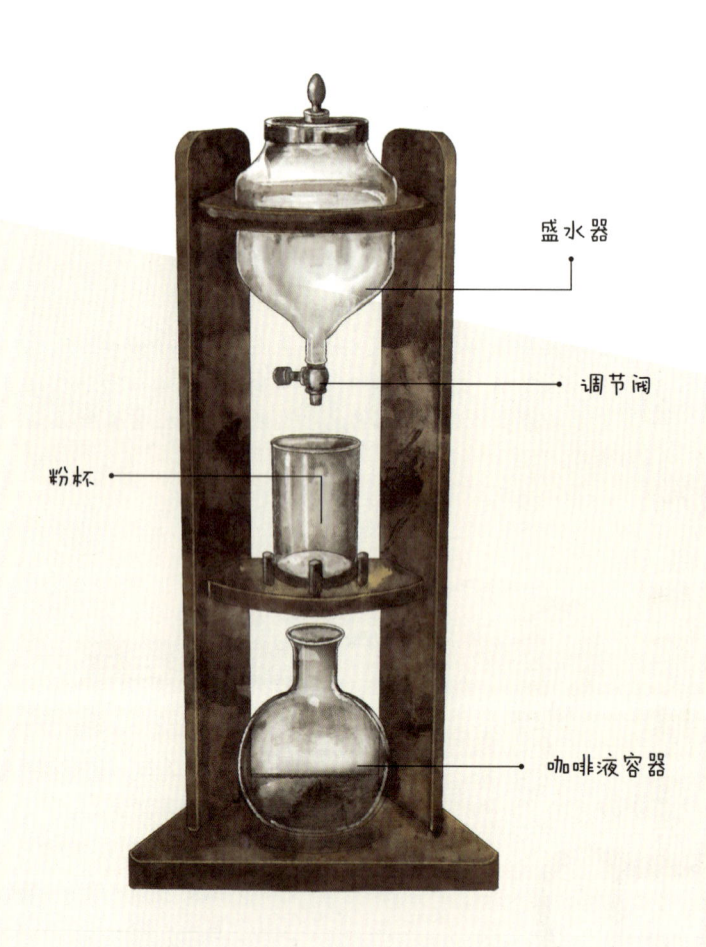

盛水器

调节阀

粉杯

咖啡液容器

便捷多样的
咖啡工具

·手冲壶·

手冲壶，也叫"滴滤咖啡壶"，是向磨好的咖啡粉上倒热水时使用的专用水壶。这种壶与一般的水壶相比，出水口比较细长狭小，能更好地控制水的流量。

市面上的滴滤咖啡壶设计多样，最常用的材质有铜、陶瓷、不锈钢等。

壶嘴 细而长，方便控制水流的速度和大小。

把手 滴滤咖啡壶的把手设计多样，大家可按照个人的喜好选择适合自己的。

手冲壶壶嘴特点

建议新手从细嘴壶和鹤嘴壶入手,壶嘴内径 5 毫米以下,水流易控制,不会有过大的水流,可以提升冲泡的成功率。平嘴壶对水流的控制要求较高,但自由度相应也会高。

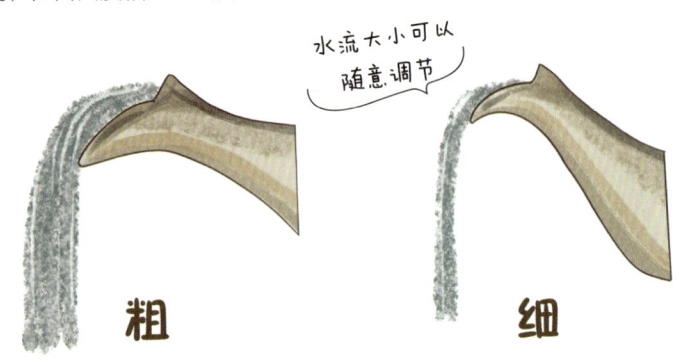

水流大小可以随意调节

粗 **细**

如何执壶

X 错误拿法

O 正确拿法

手臂太高,出力不对,水流不稳。

- 夹紧手臂,这样出力水流很稳定。
- 把壶盖取下,水流也不会受影响。

·咖啡过滤器·

咖啡过滤器是指放入滤纸之后再放入磨好的咖啡粉,然后再倒入热水进行过滤的工具,是手工调制咖啡时必不可少的一种工具。1908年德国人梅丽塔(Melitta)女士发明了扇形单孔的梅丽塔式过滤器,其材质有塑料、陶瓷、铜、不锈钢等,大小不一。过滤器的基本构造虽然类似,但是在大小、内部构造和过滤口的结构等方面都有差异。

现在使用较多的咖啡过滤器类型有梅丽塔式滤杯、卡利塔式滤杯、好璃奥式滤杯和滤网等。

梅丽塔式滤杯(Melitta)

咖啡爱好者本茨·梅丽塔有一天突发奇想,在铜碗底部打了一个孔,从儿子的书包里拿出一张吸墨水纸放在上面,加入咖啡粉,冲入热水,顿时醇香的咖啡便透过吸墨水纸滴入壶中。就这样发明了既能过滤咖啡渣,又能保留咖啡香的滤泡方法。

1908年梅丽塔在专利局注册了她的这个发明:一个拱形、底部穿孔的铜质咖啡滤杯,这是世界上第一个咖啡滴滤杯。

适合研磨程度:中研磨、中细研磨、细研磨

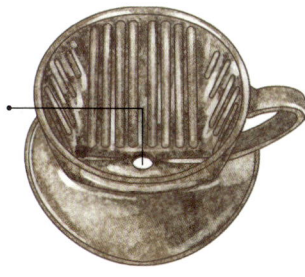

较高位的单孔萃取,能使咖啡萃取时间变长,咖啡味更浓,能品尝出咖啡更深层的芳香。

梅丽塔式滤杯,又称弹孔杯,呈现扇形,上圆下椭,底部只有一个滤水孔,滤杯内部粉壁条形的突出——一般称为肋骨或肋条,杯身略浅,杯底略窄。

卡利塔式滤杯（Kalita）

卡利塔式滤杯，底下的孔洞较小。从单孔到多孔都有，最常见的为三孔扇形滤杯。三孔能使萃取速度变快，咖啡不会在滤杯内滞留，而是自然滴落，可以通过调整热水的流速来调节咖啡味道。

从侧面观察，呈现上宽下窄的形状，有利于水量的集中，而上方呈现圆形，做出较宽的面积，目的是让咖啡颗粒均匀分布，减少堆叠的状况。

适合研磨程度：中研磨

卡利塔式滤杯杯壁上的沟槽呈直线均匀分布，沟槽的距离一致，目的是增加排气和水流的速度。同时流速较慢，主要采用浸泡的方式萃取。

好璃奥式滤杯（Horio）

好璃奥式滤杯，材质上有陶瓷、玻璃、树脂、金属、黄铜等。

整体是圆锥形的，能使水流至中心，并延长水与咖啡的接触时间；漩涡状的沟槽可以防止滤纸与滤杯紧贴，增加空气与咖啡的接触面积，使咖啡粉能充分膨胀。

适合研磨程度：中研磨

单一大孔的设计使咖啡在冲泡时能改变水流的速度，以改变味道。

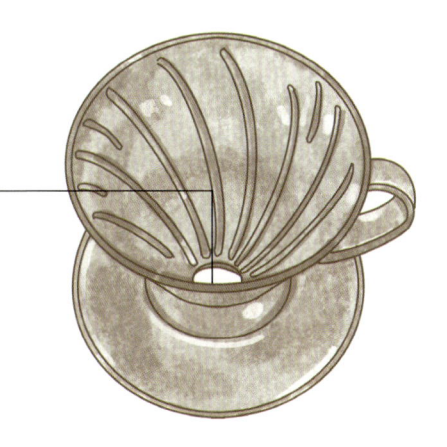

凯美克斯咖啡壶（Chemex）

凯美克斯咖啡壶整体上半部是玻璃漏斗，下半部是锥形烧瓶，中间由一个可拆卸的木头把手连接，再系上一条精巧的皮绳。瓶身+滤纸的组合冲泡形式，省去了购买滤杯的成本，兼顾了美观与实用性，适合制作大量手冲咖啡。

适合研磨程度：中研磨

不同造型的凯美克斯咖啡壶

凯美克斯咖啡壶专用滤纸折叠法

1 独特的专用滤纸，大半圆中心带有小的半圆。

2 将滤纸从中纵向对折。

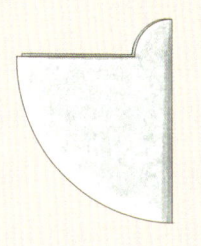

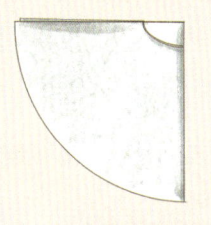

3 将小圆向下折叠。

4 将大圆再次对折。

5 折好的滤纸从中心撑开，装到凯美克斯咖啡壶中。

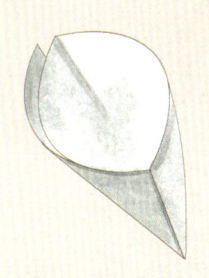

一起来学手冲咖啡！

手冲法能让咖啡粉与热水充分混合，溶解咖啡的浓醇甘香，再透过滤纸滴漏出来，能过滤咖啡中所含的脂肪、蛋白质及不良杂质，得到口感较清爽的咖啡。

工　　具： 滤杯，滤纸，手冲壶，咖啡杯，咖啡粉
研磨程度： 中研磨

步　　骤：

1. 安装滤纸：
先以热水温热滤杯，将滤纸摆放于滤杯中央，不同的滤杯所用滤纸不一样。

梅丽塔式、卡利塔式滤杯：梯形滤纸

好璃奥式滤杯：圆锥形滤纸

凯美克斯咖啡壶：专用滤纸

2. 倒咖啡粉：
倒入咖啡粉，不同的滤杯，咖啡粉分量不一样。

标准是12克

- 梅丽塔式滤杯：8克
- 卡利塔式滤杯：10克
- 好璃奥式滤杯：12克
- 凯美克斯咖啡壶：13克

3 平整咖啡粉：
轻轻敲打、摇晃滤杯，尽量使咖啡粉的表面平整。

轻轻敲打

4 倒入热水：
将水壶的注水口提高至距离滤杯表面约3厘米的高度，从正中心并由内而外、沿着顺时针方向画圆圈，充分润湿咖啡粉。

从中心开始画圆

小贴士 新鲜的咖啡粉萃取时表面会形成一个膨胀的过滤层，此时须注意水流，防止膨胀过滤层塌陷。

10~50秒

5 蒸咖啡粉：
热水打湿咖啡粉后，放置10~50秒蒸咖啡粉。

6 二次注水：
第二次注入热水，从中心向外以画圈方式注入，靠近滤纸的时候折返。

倒入热水时不要过猛

小贴士 小心不可将热水倒在先前膨胀的过滤层的外侧周围部分。
每次注水的时间点为膨胀的过滤层渐渐凹陷之后，再将剩余的热水注入。

法兰绒滴漏

法兰绒是一种布料，这种材质一面是棉面、另一面是绒面，这种滤布最大的特点就是可以过滤掉所有的固态咖啡粉渣，能让咖啡油脂通过。因此，使用法兰绒滤杯冲咖啡就能很好地保存咖啡的油脂，使咖啡更顺滑、更饱满、醇厚。

法兰绒与滤纸的区别就是滤纸能让水停留时间更久，形成浸泡萃取；法兰绒留水能力弱，是过滤萃取。

法兰绒单价高、保养困难，因此基本被滤纸替代，使用法兰绒冲咖啡的咖啡店较少。

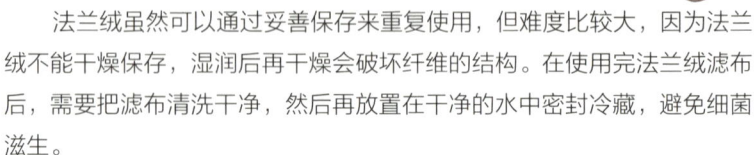

法兰绒虽然可以通过妥善保存来重复使用，但难度比较大，因为法兰绒不能干燥保存，湿润后再干燥会破坏纤维的结构。在使用完法兰绒滤布后，需要把滤布清洗干净，然后再放置在干净的水中密封冷藏，避免细菌滋生。

美式咖啡机

美式咖啡机的原理是把水浇淋在咖啡粉上，然后再流到下壶，也就是滴滤咖啡的电动版工具，使用起来比滴滤咖啡方便。

美式咖啡机通常分为上下两层，上层为装有滤纸或金属滤器的漏斗状容器，下层则为玻璃或陶瓷咖啡壶，使热水经过咖啡粉流入下方咖啡壶内，萃取出咖啡，但区别在于热水是常压的。

美式咖啡机除了可以制作咖啡外，还可以泡茶。

法式压滤壶（French Press）

法式压滤壶，又称法压壶、煮咖啡用壶（cafetiére）或咖啡活塞壶（coffee plunger），诞生于19世纪中期。法压壶是一个简单的冲泡装置，由一个高瘦的玻璃圆筒水瓶和一个带滤器的活柱塞组成，柱塞紧贴玻璃瓶内壁。

法压壶的滤网上加装了一组弹簧，使滤网下压能够保持平衡的同时，还能增加滑动性。

适合研磨程度：粗研磨

法压壶"完全浸入法"萃取出来的咖啡，保留了丰富的咖啡油脂，浓郁顺滑，醇厚度和香气都非常出色，能让饮用者享受到咖啡最原本的风味。

一起来学习用法压壶冲咖啡！

工　　具： 法压壶，咖啡粉，咖啡杯
研磨程度： 粗研磨

步　　骤：

1. 倒入咖啡粉：
将研磨好的咖啡粉倒入法压壶底壶中，将咖啡粉敲打平整。

2. 注入热水：
用较快速度注入热水（水温在85~92℃），快速打湿所有咖啡粉。

> **小贴士** 粉水比为1:13，这个比例下用法压壶萃取，可以萃取出口感甜美且醇厚度出色的咖啡。

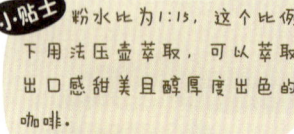

3. 搅拌均匀：
由于咖啡粉会浮在热水表面，因此需要用搅拌棒大幅搅拌，使咖啡粉与水融合、下沉。

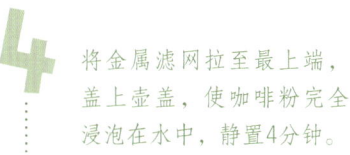

4 将金属滤网拉至最上端,盖上壶盖,使咖啡粉完全浸泡在水中,静置4分钟。

5 4分钟后缓缓压下金属网,压到底部。

> **小贴士** 注意按压至底部时不能让咖啡粉滤至滤网上方,咖啡渣会影响咖啡的口感。

粉末下沉 ←

6 将全部咖啡液倒出,即可饮用。

> **小贴士** 快倒完时咖啡液中会有少许细粉渣,建议不要将咖啡全部倒完,留取少许咖啡液。

爱乐压（Aeropress）

爱乐压是一种手工烹煮咖啡的简单器具。简单来说，它的结构类似于注射器。使用时在"针筒"内放入研磨好的咖啡和热水，然后压下推杆，咖啡就会透过滤纸流入容器内。

爱乐压结合了法式滤压壶的浸泡式萃取法，手冲咖啡的滤纸过滤，以及意式咖啡的快速、加压萃取原理，因此爱乐压冲煮出来的咖啡，兼具意式咖啡的浓郁、手冲咖啡的纯净。

爱乐压的设计非常简单，主要部件包括爱乐压本体（滤筒+压杆）、漏斗、滤盖、量勺、搅拌棒、滤纸存放盒。

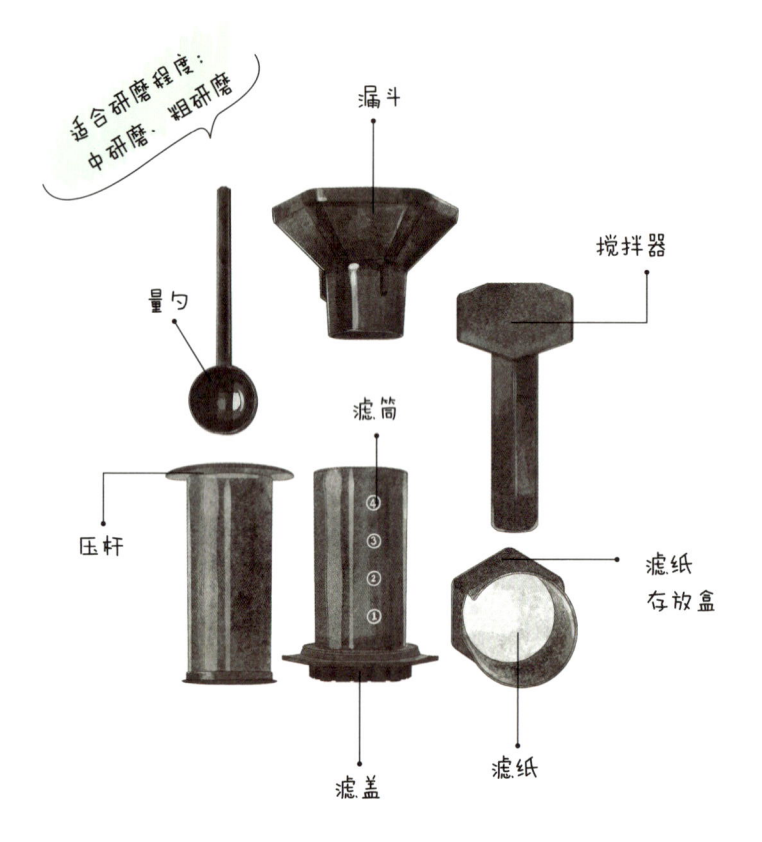

适合研磨程度：中研磨、粗研磨

漏斗

搅拌器

量勺

滤筒

压杆

滤纸存放盒

滤盖

滤纸

一起来学习用爱乐压冲咖啡！

工　　具：爱乐压，咖啡粉，咖啡杯
研磨程度：中研磨
步　　骤：

使用反压法

1 打湿滤纸：
将滤纸放入滤盖，用热水冲洗滤纸。

2 翻转爱乐压：
将爱乐压翻转，压杆在下，滤筒在上。

小贴士 压杆的橡胶头伸入滤筒1厘米左右的位置。

3 装咖啡粉：
在滤筒中装入咖啡粉15克。

4 倒入热水：

在压筒中倒入适量热水，浸湿咖啡粉。

→ 80℃热水

小贴士 爱乐压的热水温度宜在74~85℃之间，爱乐压散热慢，失温少，浸泡萃取的温度过高反而容易过萃，产生不好的风味。

5 蒸咖啡粉：

注水后静置30秒。

小贴士 萃取时间控制在30秒~3分钟之间。根据研磨度以及水温，研磨越细，萃取时间越短；水温越高，萃取时间越短。

6 二次注水：

根据研磨程度和所需萃取浓度加入适量热水，水温74~85℃。

← 合计180毫升

7 **搅拌咖啡粉：**
用搅拌棒轻轻搅拌，混合热水和咖啡粉。

将咖啡粉和热水混合

8 **翻转压筒：**
将滤盖装在滤筒上，快速翻转压筒。

速度要快！

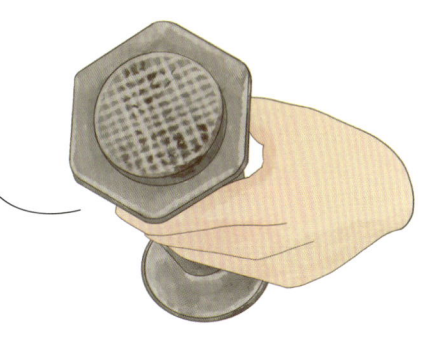

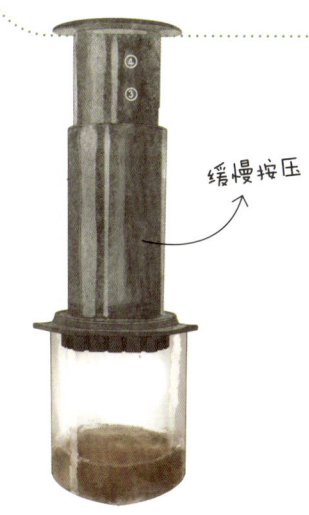

9 **按压萃取：**
将爱乐压置于咖啡杯上，缓缓按压压杆，萃取出咖啡液。

缓慢按压

爱乐压知识课堂

为什么爱乐压配搅拌棒？

爱乐压搅拌棒长度与本体适配，不会碰到底部滤纸，专门的搅拌棒也不会划伤压筒内壁，影响密封性和美观。

爱乐压有标准教程吗？

爱乐压的可操作性强、玩法多变，正压法、反压法自由选择，可以自由控制咖啡的研磨程度，热水的水温、水量，从而改变咖啡萃取的浓度、风味，没有绝对的"标准"，因此现在还设有世界爱乐压比赛。

爱乐压标准滤纸和金属滤网有什么区别？

使用标准滤纸制作咖啡，咖啡口感纯净，酸度明显，口感较轻盈、清爽。

使用金属滤网制作咖啡，咖啡的口感更醇厚，香味更浓，酸度较低。不同型号的滤网，筛孔的数量不一样，因此金属滤网要结合日常喜好的咖啡研磨度来购买。

摩卡壶（moka）

适合研磨程度：细研磨

摩卡壶也叫"意大利咖啡壶"，是咖啡蒸馏法的典型工具，用于摩卡壶的咖啡粉一般研磨得很细，所冲煮出的咖啡带着一种浓郁的醇厚感和香味，比一般滴滤咖啡浓。但摩卡壶较难清洁，有很多难以清洁的死角。

摩卡壶是一个三层结构的炉具，分为上座、粉槽和下座三部分，中间以导管连通，下座是盛水的水槽，粉槽用来盛放研磨较细的咖啡粉，上层是萃取后的咖啡液。

下座用来盛水，咖啡壶底部加热至沸腾后，水转化为水蒸气，水面上压力增大。

压力推动开水从导管进入到盛放咖啡粉的粉槽。

经过滤网过滤后进入上座，之后便可饮用。

一起来学习用摩卡壶冲咖啡！

工　　具： 摩卡壶，咖啡粉，咖啡杯
研磨程度： 中研磨
步　　骤：

1. 拆分部件：
摩卡壶拆分，分别操作。

分解成三部分

2. 倒水：
往底座注入适量水，不同尺寸的摩卡壶注水量不一样，不超过安全线即可。

3. 倒入咖啡粉：
往粉槽中倒入咖啡粉，无须压实，震动、抖动使咖啡粉铺平即可。

4 组装部件：

把摩卡壶三部分组装起来。

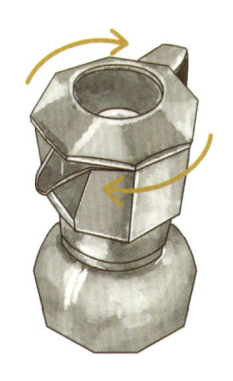

5 开火煮咖啡：

将摩卡壶放在开小火的加热底座上，听到噗噗声，同时液体流出减少时，立即停火并移走摩卡壶。

> **小贴士** 户外可用明火，放在铁丝网、铁架上，也有专门用于摩卡壶加热的电器底座，在家中可以放在煤气炉上，但要注意用火安全。

6 等待萃取：

如果萃取出来的咖啡液较少，可以用余温萃取一会儿；如果萃取量正常，则可以在移走摩卡壶时将壶放在冷毛巾上进行降温，避免过萃。

摩卡壶知识课堂

新手用摩卡壶的难点

容易过萃

摩卡壶无法控制水温、萃取时间以及粉层分布,很容易过萃,导致咖啡焦苦味较重。

不能完全过滤

蒸馏式的金属过滤网不能完全隔绝咖啡细粉,容易使中层的咖啡粉在萃取过程进入上座,导致咖啡液浑浊,影响口感。如果加装滤纸,可能会过滤掉咖啡本身的油脂,影响香气。

保养困难

每次使用后都要及时用清水冲洗摩卡壶,擦干晾晒,摩卡壶多为铝制,清洗后水渍不擦干,容易影响摩卡壶的金属光泽,产生斑纹、划痕。

摩卡壶的咖啡粉用什么研磨程度最好?

中细程度,细砂糖的粗细即可。咖啡粉过粗,粉槽和滤片对下壶上水产生不了太大的阻力,下壶的水会很快通过粉槽而造成萃取不足,咖啡粉太细会容易导致过萃。

咖啡粉要像意式咖啡机一样压实吗?

不用,摩卡壶填粉时可适当摇、震粉槽,让咖啡粉分布均匀;填满后轻轻抚平,不要压粉,这样能减少因咖啡萃取不均匀导致的苦涩现象。

不同尺寸的摩卡壶,其粉槽都和尺寸是适配的,有固定水粉配比。

虹吸壶（Siphon）

虹吸壶俗称"塞风壶"，是咖啡蒸馏法的经典用具，主要由一个加热容器和一个漏斗式容器连接而成，连接部分是一个滤器。

虹吸壶制作原理是利用水加热后产生水蒸气，造成热胀冷缩，将下壶的热水推至上壶，待下壶冷却后产生负压再把上壶的水吸回来。其造型和蒸煮方式仿佛在实验室操作，会让人产生"做实验"的新奇感。

虹吸壶的结构分为上壶、下壶和支架。

上壶呈圆柱状，底下做的是收缩处理，延伸出一条细长的管道，管道越往下，口径越细，衔接处采用了胶圈处理，起着密封作用。

适合研磨程度：粗研磨

支架的主要作用是稳固下壶，使它呈现腾空状态。

下壶大致为一个球体，主要是为了下壶在加热时能够受热均匀。

虹吸壶的过滤器是由圆形的铁片衔接带有弹簧的链条组合而成，铁片在使用前会缠上过滤材料，最常使用的是专用的法兰绒滤布。

经过两边线条的收缩，滤布就会包裹上铁片（拉紧后记得进行捆绑，裁剪掉多余的线），形成一组完整的过滤系统，从而放置在上壶内部。

1 在滤布的上方放上金属制的过滤器。

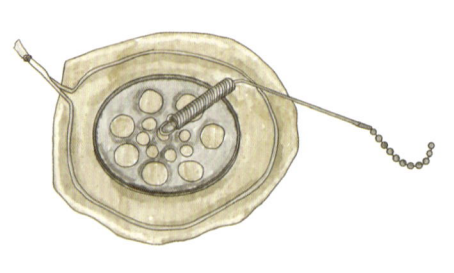

2 将滤布边缘的线拉出，收缩包裹住铁片。

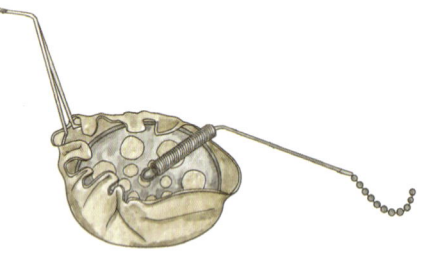

3 拉紧后进行捆绑打结，裁剪掉多余的线。

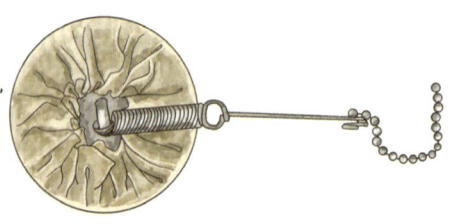

一起来学习用虹吸壶冲咖啡！

工　　具： 虹吸壶，加热装置（酒精灯、光波炉等），咖啡粉，咖啡杯
研磨程度： 中研磨
步　　骤：

1 把组装好的过滤器放进上壶，将小圆珠链子穿过玻璃管，向下拉，将滤布和金属片平整地固定好。

> 小贴士　要确定倒钩钩住玻璃管下方。

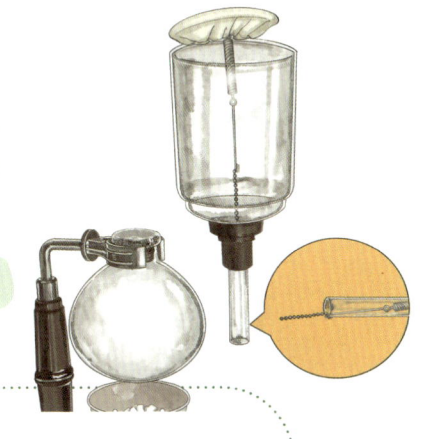

2 倒水：
根据下壶的刻度倒适量水。

> 小贴士　粉水比例在 1:10～1:13 之间，具体根据豆种和口味喜好来调整。如 20 克咖啡粉，可以加 200～300 毫升水。

3 点火：
将下壶放在加热器上，打开开关。

小贴士 如用酒精灯，切记加热之前一定用干毛巾擦干下壶的水珠。

上壶斜插：
将上壶插入下壶中，将橡胶放在烧瓶口，上下壶不完全合体。等到下壶的水开始沸腾，即可把上壶竖直牢牢插入。

4

5 倒咖啡粉：
沸腾后水开始往上涨，涨到一半加咖啡粉。

小贴士 虹吸壶是在水还没涨上来加粉，还是在水涨上来之后加粉，争论不一，没有固定的标准，可以根据自己的喜好和具体实践操作。

6 搅拌：

将咖啡粉用力混合搅拌5~10个来回，搅拌均匀后静置30秒~1分钟，可根据口味调整。

泡沫、粉末、咖啡清晰分层，等待30秒

7 关火：

移开酒精灯（其他加热工具则关火、关电），静待一段时间，漏斗中的咖啡会回落到烧瓶中。

8 取下上壶：

咖啡滴落完后将上壶取下，即可饮用咖啡。

虹吸壶知识课堂

不会计时怎么办？

如果是先投粉，在开始搅拌的时候开始计时；如果是后投粉，则是在投粉的时候开始计时。关闭火源后大约1分钟即可。

怎么才能搅拌均匀？

对于咖啡新手来说，推荐采用拍打法，容易掌控、容易上手，搅拌棒以中心为支点，两端保持错位地进行来回移动，拍打咖啡粉层。

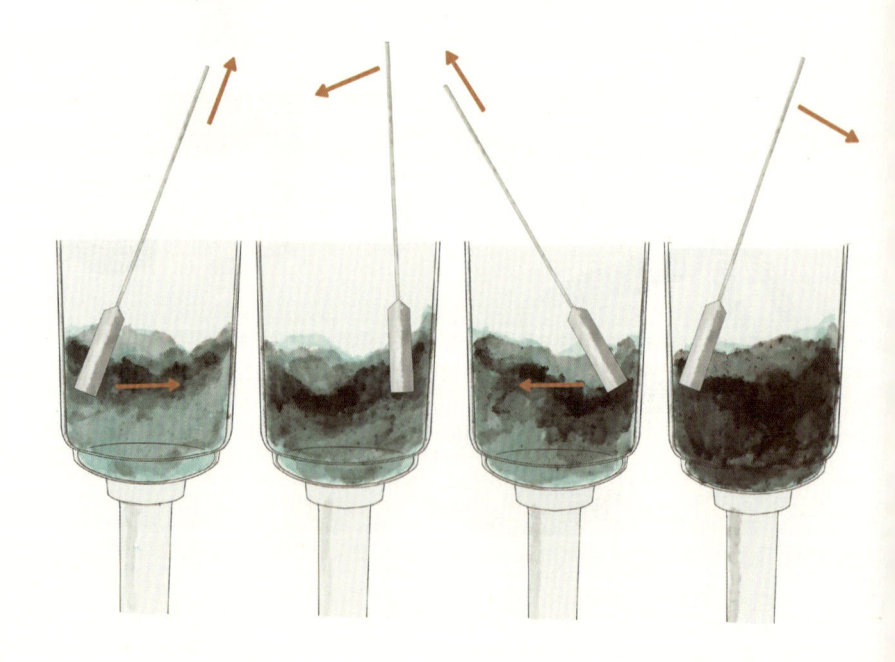

意式咖啡机（Espresso Machine）

意式咖啡机的原理是以极热但非沸腾的热水（约90℃）烧开进入顶层，然后自上而下，借由高压冲过研磨成很细的咖啡粉末，在 20 ~ 30 秒时间内萃取出约 30 毫升的咖啡液。

意式咖啡机萃取出来的咖啡，就是意式咖啡（Espresso）。这种方式可以萃取出整个咖啡从头段、中段到尾段的全部味道，咖啡表面还会漂浮着一层金色的咖啡泡沫，也就是因乳化作用产生的咖啡油脂（Crema），一杯成功的意式咖啡具有独特浓郁的咖啡香气和爽滑醇正的口感。

由于意式咖啡提取的速度非常快，所以提取出来的咖啡中含有的咖啡因非常少。由于咖啡的高浓度和受到的压力会出现咖啡泡沫，这种纯天然的咖啡泡沫能使意式咖啡的香气保持很长时间。

无论是提取后直接饮用的清咖啡，还是卡布奇诺、拿铁咖啡或是可以无限改变配料而形成的变异咖啡，不可或缺的最基本的原料就是意式咖啡。

适合研磨程度：极细研磨

一起来学习用意式咖啡机冲咖啡！

工　　具： 意式咖啡机，压粉器，咖啡粉，咖啡杯
研磨程度： 极细研磨
步　　骤：

1. 放咖啡粉：
卸下咖啡过滤器（以下简称把手），把咖啡粉放入把手中，轻轻敲击，排除空隙。

> **小·贴士** 咖啡粉重量一般在 13～22.5 克。

2. 将多余的咖啡粉用手指除去，中央部分可以稍微隆起，勿按压。

3. 咖啡粉压平：
把手水平放置，将压粉器放在把手上，用力按压，边按压边调整力道。

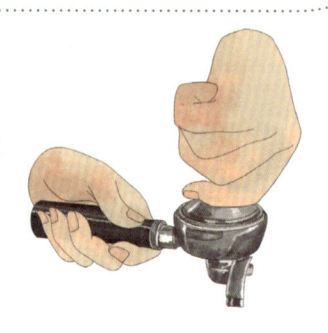

4 安装机器：

将把手安装到意式咖啡机上，旋转至充分固定。

5 打开开关：

打开开关进行萃取，运行20～30秒，萃取出20～35毫升咖啡液。

·伊芙利克壶（Ibrik）·

伊芙利克壶俗称"土耳其壶"，土耳其壶是一种长柄壶，通过加热，让细研磨的咖啡粉和水充分混合，能制作出高浓度、带着浓烈香气的咖啡。据说是最早饮用咖啡的一种冲泡法，流行于19世纪初期的中东地区，所使用的器具被当地人称为"伊芙利克（Ibrik）"和"切紫薇壶（Cezve）"，多半由纯铜或黄铜制成，少数还有内部镀锡处理。

伊芙利克壶在土耳其语中表示"盛水筒"，是一种有盖子、模样接近长嘴壶的器具。切紫薇壶在希腊语中是"燃烧的柴火""煤炭"的意思，是我们常见的纯铜制造，附有长把手的小锅。

土耳其咖啡的做法是将咖啡粉用特制的土耳其壶加水，直接煮沸，在沸腾冷却后再次煮沸，如此反复。这种没有经过过滤的调煮方式，会使咖啡喝完后杯底留下一层厚而细软的咖啡残渣。

观察剩下的咖啡渣，逐渐发展为一种有趣的"咖啡占卜"文化。

除了烹煮咖啡的小铜壶，土耳其盛放咖啡的杯具也极具特色，它们通常都有着斑斓的色彩和纹路，闪亮华丽，具有异域风情。

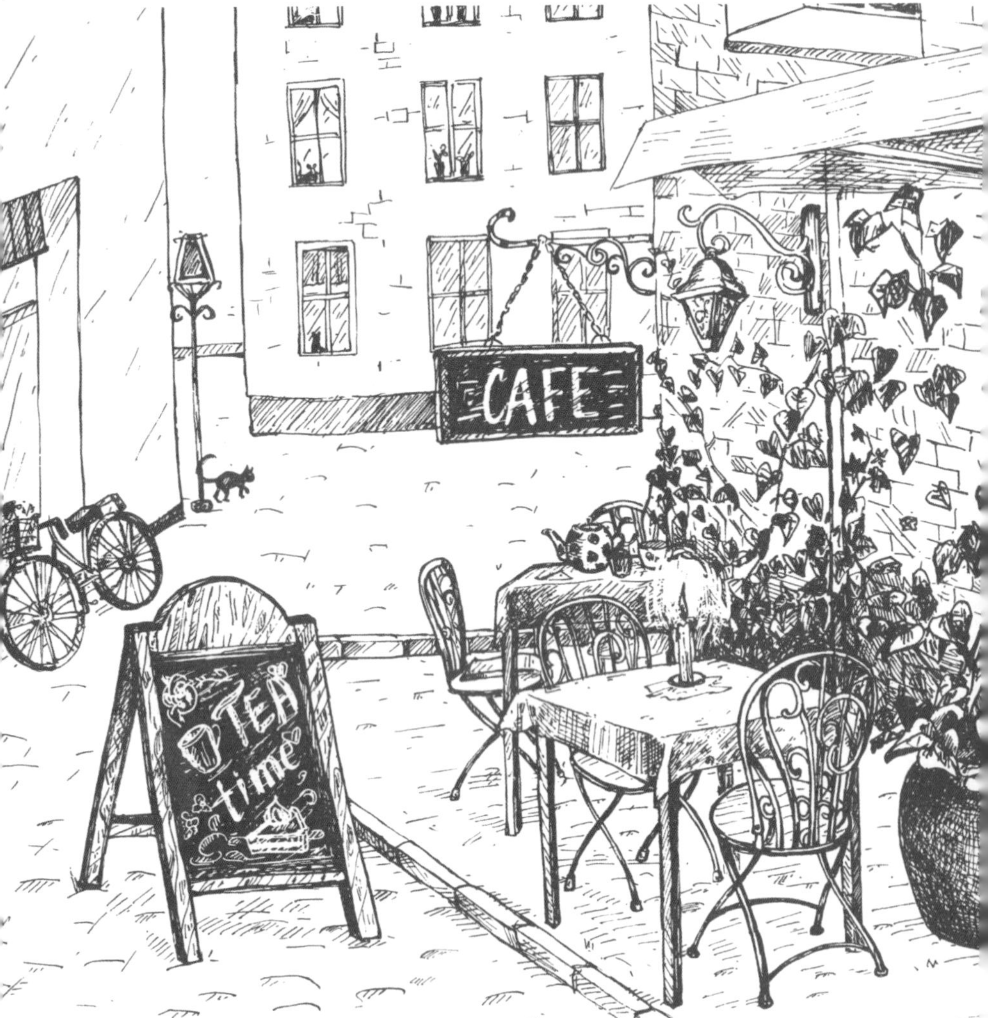
CAFE
TEA
time

part 4 一起冲泡美味的咖啡

Coffee

冲泡咖啡的三个重点

· 咖啡豆的研磨 ·

咖啡在咖啡豆刚被磨成粉末的时候最香,因此,最好在要冲咖啡的时候,再研磨咖啡豆。研磨的时候,要注意颗粒均匀。

粗研磨度适合热水和咖啡接触时间长的萃取,细研磨度适合浓缩咖啡、冷泡咖啡等。滴滤式的咖啡适合中等颗粒的咖啡粉末。

· 冲泡咖啡的水温 ·

热水的温度低的话会抑制苦味,形成清淡的风味,冲泡咖啡最适合的热水温度是92~96℃。最好不要超过96℃,这个区间内泡出的咖啡香气浓郁,口感也很清爽。

· 水流的速度 ·

在进行手冲咖啡时,要注意热水的流速和水流的粗细,需要注意一边保持细细的热水水柱,让热水缓缓地倒入。最好使用壶嘴比较小的壶,或者使用专业的手冲壶。热水水柱粗的话,倒入速度快,会导致蒸的过程不充分。

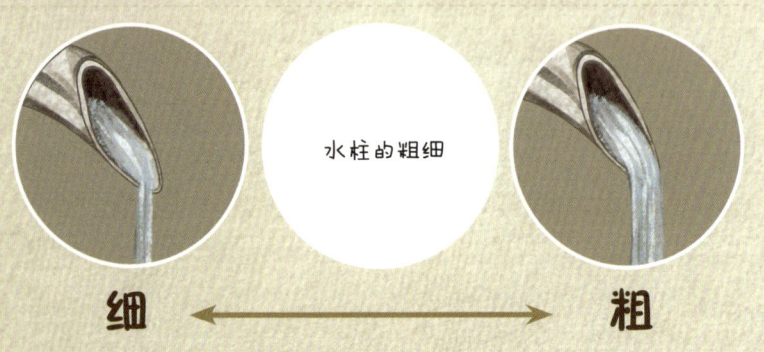

水柱的粗细

细 ←——→ 粗

拉花大挑战

1. 准备咖啡：

准备一份意式浓缩咖啡液。

2. 打发奶泡：

冰牛奶以倾斜角度打入热蒸汽，使其发泡升温，打发至奶泡绵密为止。

3. 融合基底：

拉花钢杯口尽量贴近牢牢握住的倾斜咖啡杯，旋转倾入半杯奶泡，使浓缩基底与奶泡完全融合，浮出咖啡油脂，准备进行拉花。

4. 倾角外推：

利用握杯的倾斜角度与奶泡的黏稠度，由边缘摇晃注入第一层奶泡。

5. 扶正升高：

慢慢扶正握杯角度，重复摇晃注入多层的奶泡，每次外移奶泡注入点位置随液位上升，钢杯左右摇晃角度渐缩，形成一层一层的半月形圆圈。

6. 收泡：

经过多层次摇晃注入，液位已接近九分满，扶正咖啡杯，注入最外圈奶泡，轻轻拖曳穿越各层圈圈，拉出漂亮的拉花。

Coffee

一起冲泡出美味的咖啡

意式咖啡
Espresso

在意大利语中就是"快速"的意思

做得快,30秒内做完

喝得快,两三口喝完

只需20~30秒,就能提取咖啡豆中的成分和香气

意式浓缩咖啡有独特的咖啡香气和嫩滑的口感,在嘴里扩散的速度非常快

咖啡表面还会漂浮着一层金色的咖啡泡沫

是咖啡风味最浓的一款

材料准备

咖啡粉适量

> 研磨程度：细研磨
> 推荐烘焙程度：深烘
> 热水温度：90℃

步 骤

①

将咖啡粉装入压粉勺内，单份装入量是8~9克。

②

装满后，压平压粉勺的表面，用力按压，使压粉勺内的咖啡粉没有空隙。

③

运行咖啡机开始萃取，最理想的萃取时间是1杯浓缩20~30秒，按照这个萃取时间控制研磨程度，咖啡粉研磨越细，萃取时间越长。

④

萃取完成，得到一份意式浓缩咖啡。

美式咖啡

Americano

美式咖啡起源于二战时期
在欧洲的美国联军部队喝不惯意式咖啡
于是便在意式咖啡的基础上加了大量的水冲淡苦味和涩味
后来意大利人在美国开的咖啡馆里,也推出了这种"兑水咖啡"
便将"兑水咖啡"称为"美式咖啡"
这就是美式咖啡的最早来源
美式咖啡制作简单,方便快捷,自由随性,口感清爽现在的美式咖啡多用美式滴滤机、滴滤咖啡壶进行滴滤萃取，豆子的研磨度也比意式咖啡豆的研磨度更粗，更能凸显咖啡原本的风味与香气。意式咖啡的豆子研磨度偏细，烘焙度较深，做出来的咖啡更香醇浓厚。

材料准备

咖啡粉8克，一杯冰块。

> 研磨程度：中研磨
> 推荐烘焙程度：深烘
> 热水温度：92℃

步骤

① 先以热水温热滤杯，将滤纸摆放于滤杯中央。

② 将咖啡粉倒入咖啡壶的滤网中，轻轻摇晃使其平整。

③ 将水壶的注水口提高至距离滤杯表面3~4厘米的高度，从正中心并由内而外画圆圈，充分润湿咖啡粉。

④ 热水打湿咖啡粉后，放置10~50秒蒸咖啡粉。

⑤ 第二次注入热水，从中心向外以画圈方式注入，靠近滤纸的时候折返。

⑥ 等待几分钟，让咖啡液滴落至壶底，加入一杯冰块、常温水至杯满。

⑦ 搅拌均匀，一杯美式咖啡就完成了！

阿芙佳朵

Affogato

阿芙佳朵（Affogato）一词源于意大利语"Affogare"

直译的意思为"淹没"

形容冰淇淋"淹没"在浓缩咖啡中

也有"窒息"之意

指阿芙佳朵"美味到让人窒息"

浓缩咖啡的苦味、酸味、醇厚和香气与冰淇淋的甜蜜完美融合

交织出了奇妙的口感

材料准备

意式浓缩咖啡液30毫升，香草冰淇淋球1个（最好用意大利冰淇淋Gelato）。

步骤

① 准备好一份意式浓缩咖啡液。

② 将咖啡液倒在冰淇淋球上，趁着冰淇淋球没融化尽快食用！

康宝蓝
Con Panna

康宝蓝意大利文为"Espresso Con Panna"
"Con"在英文里相当于"with","Panna"就是鲜奶油的意思
顾名思义,康宝蓝就是"意式浓缩咖啡加鲜奶油"
一杯意式浓缩咖啡上面加入一勺发泡好的奶油
杯底藏着一点点浓糖浆
创造了康宝蓝的三层味道
奶油的香甜、咖啡的香醇和糖浆的甜蜜
冰奶油和刚刚萃取的热浓缩咖啡也形成了"冰火两重天"的独特口感

材料准备　意式浓缩咖啡液30毫升,鲜奶油1勺,焦糖酱少许,迷你小杯子。

步骤
① 提前准备好意式浓缩咖啡液。
② 小杯子底放薄薄一层焦糖酱,缓缓倒入意式浓缩咖啡液,再放上一勺鲜奶油。

小贴士:最好尽快饮用,一口两口喝完!这样冰奶油和热咖啡的分层才能更明显。

拿铁咖啡
Latte

"拿铁"是意大利文"Latte"的音译

是热牛奶的意思

意大利人早晨的厨房里

照得到阳光的炉子上通常会同时煮着咖啡和牛奶

简单的咖啡加牛奶

带来让人难以忘怀的味道

材料准备

意式浓缩咖啡1份，牛奶500毫升。

步 骤

①

冲泡好意式浓缩咖啡，作为拿铁咖啡的基底，意式浓缩占整杯咖啡的1/6。

②

倒入牛奶，牛奶占整杯咖啡的4/6。

③

将牛奶倒入手动打奶泡杯，或用手持电动打奶器，盖好盖子后迅速上下抽动奶泡杯滤网，当觉得抽动有阻力时放慢抽动速度，把奶泡打细打绵，奶泡体积膨胀到原来的1.5倍左右时即可。最好选择全脂牛奶。

④

最后加上奶泡，一杯经典的拿铁就完成了！

豆乳
拿铁

Soymilk Latte

用豆浆替代牛奶
既满足了乳糖不耐受喝不了牛奶的人群
又满足了不喝牛奶的素食主义者
咖啡的浓郁香气抵消了豆浆的豆腥味
豆香与咖啡香味在空气中交织、升腾

材料准备

挂耳式咖啡1包,豆浆90毫升。

> **小贴士**
> 挂耳咖啡:豆浆 = 3:2。
> 热水温度:92℃。
> 如果用意式浓缩咖啡,则2份浓缩 + 豆浆加到9分满 +1 匙豆浆奶泡。

步骤

① 温杯,让咖啡不会太快降温。

② 将挂耳咖啡放入杯中,缓缓注入少量热水。

③ 等待20秒闷蒸,让咖啡充分吸水。

④ 分2~3次注水,萃取120毫升稍浓的咖啡。

⑤ 豆浆加热到65~75℃。

⑥ 将一小部分豆浆倒入手动打奶泡杯,或用手持电动打奶器,盖好盖子后迅速上下抽动奶泡杯滤网,当觉得抽动有阻力时放慢抽动速度,把奶泡打细打绵,奶泡体积膨胀到原来的1.5倍左右时即可。

⑦ 将豆浆缓缓倒入咖啡内,再佐以适量的豆浆奶泡,一杯美味的豆乳拿铁就完成了!

燕麦拿铁

Oat Latte

啜饮一口，首先感受到的是燕麦奶特有的沙质感
颗粒感在舌尖跳跃，很快便在口中消散
燕麦奶与咖啡逐渐交融
麦香的清新与咖啡的醇厚相互交织
形成了独特的味道

材料准备 燕麦奶200毫升，现磨咖啡粉8克或浓缩咖啡液1杯。

步骤

① 将燕麦奶倒入热水壶或在微波炉中加热至适宜温度，一般为55℃左右。如果喜欢冷饮，可以跳过此步骤。

② 如果使用现磨咖啡粉，将其放入咖啡机、法压壶或滴滤器中，按照咖啡机说明冲泡出30毫升咖啡液；如果使用浓缩咖啡液则直接倒入杯中。

③ 将冲泡好的咖啡倒入杯中，然后缓慢加入加热后的燕麦奶，并用搅拌器轻轻搅拌，使两者充分混合。

④ 根据个人口味，加入糖或蜂蜜来调整甜度。

生椰拿铁

Coconut Coffee

生椰拿铁由椰乳和浓缩咖啡混合而成

是一种非常适合夏天饮用的清凉饮品

椰浆有牛奶般的醇厚香滑口感，饱含充满夏日风情的天然椰香

第一口感受到的是浓郁的椰香味

随后浓缩咖啡香气充斥在口腔中

既有咖啡的香浓，又有椰子的清甜

材料准备

冰块,咖啡豆8克,厚椰乳120~160毫升。

步骤

①

杯子里放入冰块,加入厚椰乳至杯子八分满。

②

咖啡豆磨成咖啡粉,将其放入咖啡机中,
按照说明冲泡出30毫升浓缩咖啡液。

③

将浓缩咖啡液缓缓倒入杯中,形成漂亮的分层,一杯生椰拿铁
就完成了,开始享用吧!

鸳鸯咖啡
Yuenyeung

红茶的香醇、咖啡的醇厚

奶茶和咖啡在杯中交织成一场和谐的交响乐

细腻的咖啡油脂漂浮在咖啡上

如同初冬时节的第一场雪

锁住了红茶的馥郁茶香和咖啡的浓厚香气

材料准备

咖啡豆8克,红茶50毫升。

步 骤

①

咖啡豆磨成粉,用意式咖啡机萃取出一份30毫升的意式浓缩咖啡。

②

红茶提前泡好,倒入杯中备用。

⑤

把意式浓缩咖啡沿杯壁缓缓倒入,一杯香甜温润的鸳鸯咖啡就完成了。

焦糖玛奇朵

Caramel Macchiato

经典的玛奇朵是在一杯小的"Espresso"上点缀一大勺绵密奶沫

"Macchiato"意大利文的意思是"烙印"

焦糖玛奇朵是加了焦糖的"Macchiato"

代表"甜蜜的印记"

它的最佳品尝方式是不搅拌

一口下去蕴含着咖啡的甘苦、牛奶的香醇

绵密的奶泡与香甜的焦糖味

在口中交织

材料准备 咖啡豆8克,牛奶少量,焦糖糖浆、焦糖酱各适量。

步骤

① 将咖啡豆加入意式咖啡机,做一份30毫升的浓缩咖啡。

② 将牛奶放进打奶泡机里面,打好2茶匙奶泡。

③ 将奶泡放在咖啡液上面,即完成了一份玛奇朵咖啡。

④ 在牛奶中加入焦糖糖浆,最后在奶泡上淋上点焦糖酱,一份甜蜜的焦糖玛奇朵就完成了。

爱尔兰咖啡

爱尔兰咖啡既是咖啡,也是鸡尾酒

爱尔兰咖啡又叫"情人的眼泪",最广为流传的故事是

传说一位酒保爱上了一位空姐

但空姐每次都点咖啡,从未点过鸡尾酒

为了让空姐尝到自己调制的鸡尾酒,酒保创造出了爱尔兰咖啡

机缘巧合下,酒保终于有机会为空姐亲手调制这杯酒

他因为过于激动而流下眼泪

因此,第一口爱尔兰咖啡代表浓烈的思念和爱恋

材料准备

意式浓缩咖啡液1份,威士忌30毫升,方糖1块,奶油适量。

步骤

① 特制烤杯有两道刻度线,首先将威士忌加至第一条线,并在杯中放入方糖,转动杯身,使糖溶化。

② 取下烤杯,点燃杯中酒精,让酒香散发出来。

③ 提前准备好意式浓缩咖啡液,加至第二道线。

④ 再挤上一层奶油在咖啡表面,一杯爱尔兰咖啡便完成了。

卡布奇诺
Cappuccino

卡布奇诺的名字源自圣方济教会（Capuchin）

圣方济教会的修士都穿着褐色道袍，头戴一顶尖尖的帽子

据说有位老人发觉浓缩咖啡、牛奶和奶泡混合后

咖啡颜色就像是修士所穿的深褐色道袍

咖啡上的白色奶泡如教士戴的白色头巾

于是灵机一动，给这种饮品命名为卡布奇诺（Cappuccino）

材料准备

意式浓缩咖啡30毫升，牛奶150~200毫升。

步 骤

①

提前准备好意式浓缩咖啡液。

②

将牛奶倒入奶缸当中，将蒸汽棒埋入牛奶当中，
打开开关充气，充气后继续用蒸汽棒旋转打发，
等牛奶温度加热到55℃左右时完成打发。

③

在杯子中加入浓缩咖啡，用勺子舀取奶泡轻轻落在咖啡的中央，
奶泡会慢慢散开，直到奶泡完全覆盖咖啡表面。

④

慢慢加入牛奶，透过透明杯会观察到，
卡布奇诺形成了漂亮的分层。

澳白

Flat White

澳白对奶沫的质量要求最高，需要"超级绵密的奶泡"
将细腻乳白色的牛奶倒入咖啡中，使口感丝滑、柔软
在奶泡绵密、偏薄，牛奶咖啡温度稍低的状态下
能够每口都喝到奶泡
如果想同时品尝丝滑的奶泡与香醇的咖啡
在奶泡分层前要迅速喝光

材料准备　意式浓缩咖啡液40~60毫升，牛奶150~200毫升。

步骤

① 提前准备好意式浓缩咖啡液。

② 将牛奶倒入奶缸当中，将蒸汽棒埋入牛奶当中，打开开关充气，充气后继续用蒸汽棒旋转打发，加热温度不要超过60℃，尽量不要打出奶沫。

③ 使用奶泡器或蒸汽棒将牛奶打发成细腻绵密的奶泡，奶泡厚度控制在2~5毫米。

④ 在杯子中加入浓缩咖啡液，倒入热牛奶至九分满。

⑤ 用勺子舀取奶泡，使其轻轻落在咖啡的中央，奶泡会慢慢散开，直到奶泡完全覆盖咖啡表面。

摩卡咖啡

Mocha Coffee

据说Mocha的原意是巧克力

摩卡咖啡是指加了热巧克力、鲜奶油的热咖啡

还有指用摩卡咖啡豆制作的咖啡

地道的摩卡咖啡豆有浓厚的巧克力味和牛奶味

精致的白瓷杯子里,巧克力酱、咖啡、奶油层次分明

抿一口香浓的奶油

既能品尝出咖啡的醇厚,又能感受到巧克力的香甜

材料准备

意式浓缩咖啡液30毫升，
淡奶油（或奶泡）80克，
牛奶100毫升，
可可粉20克，
巧克力酱、砂糖各适量。

步骤

① 提前准备好意式浓缩咖啡液。

② 将鲜牛奶倒入锅中，加热40秒，加入适量的砂糖搅拌均匀。

③ 杯子中倒入咖啡液，加入适量巧克力酱。

④ 从杯子边缘缓缓倒入牛奶，形成分层。

⑤ 在咖啡表面挤上打发好的淡奶油或奶泡，再挤上巧克力酱，一杯醇厚甜蜜的摩卡就完成啦！

白摩卡咖啡
White Mocha

白摩卡用白巧克力酱代替黑巧克力酱

白巧克力甜度更高,口感柔滑

丝滑的奶沫和白巧克力是最佳拍档

为摩卡增添了一丝甜美的气息

色泽如洁白的象牙,纯净雅致

是热爱甜食的人决不能错过的一款咖啡

材料准备

60毫升意式浓缩咖啡液，
牛奶230毫升，白巧克力酱2大勺，可可粉少量，
淡奶油或奶泡适量。

步 骤

①

提前准备好两份意式浓缩咖啡液。

②

将鲜牛奶倒入锅中，加热40秒至微微冒泡。

③

杯子中倒入咖啡液，加入适量白巧克力酱。

④

从杯子边缘缓缓倒入牛奶，形成漂亮的分层。

⑤

在咖啡表面挤上打发好的淡奶油或奶泡，
再撒上可可粉，一杯白摩卡就完成啦！

薄荷摩卡咖啡

Peppermint Mocha

薄荷摩卡是一种备受青睐的风味摩卡
加入了薄荷糖浆或薄荷萃取物
薄荷的清凉与巧克力的甜蜜形成鲜明对比
为摩卡增添了一丝清爽的口感,沁人心脾
尤其适合在炎热的天气饮用

材料准备

意式浓缩咖啡液30毫升，
淡奶油80克（或奶泡），
牛奶100毫升，
抹茶粉、薄荷糖浆、砂糖各适量。

步骤

① 提前准备好意式浓缩咖啡液。

② 将鲜牛奶倒入锅中，加热40秒至微微冒泡。

③ 杯子中倒入咖啡液，加入适量薄荷糖浆。

④ 从杯子边缘缓缓倒入牛奶，形成漂亮的分层。

⑤ 在咖啡表面挤上打发好的淡奶油或奶泡，撒上抹茶粉，一杯薄荷摩卡就完成啦！

马罗奇诺

Marocchino

马罗奇诺（Marocchino）在意大利语中是Moroccan（摩洛哥）的意思
指的是著名品牌——Borsalino（博尔萨利诺）软呢帽的皮革产地
该品牌每顶帽子里面都有一个棕色的皮条
也叫"马罗奇诺条纹"
由于帽子厂的工人和买家经常光顾一家酒吧
该酒吧的咖啡师便创作了这款咖啡
咖啡中的可可分层与帽子上的皮条非常相似
因此将这款咖啡命名为马罗奇诺

材料准备

60毫升小玻璃杯，
意式浓缩咖啡液30毫升，
奶泡或鲜奶油30毫升，
可可粉适量。

步骤

①

提前准备好意式浓缩咖啡液。

②

将浓缩咖啡液放入小玻璃杯中，然后在上面撒上一层可可粉。

③

慢慢倒入奶泡或者鲜奶油，然后再撒上一层可可粉。

④

最后一层可可粉也可以换成榛子奶油、融化的巧克力、巧克力奶油，甚至是坚果。

欧蕾

欧蕾跟拿铁一样，是一种加牛奶的咖啡
可以看成法式拿铁
只不过不是用意式浓缩加奶，而是用滴滤咖啡加奶
欧蕾在法语中叫作"Café au lait"
意思是加入大量牛奶的咖啡
口感滑润，在咖啡的醇厚中，还飘散着浓郁的牛乳香

材料准备 滴滤咖啡液30毫升，牛奶200毫升，淡奶油2勺。

步骤

① 提前准备好滴滤咖啡液。

② 小火将牛奶煮至微微冒泡。

③ 咖啡杯放在桌上，双手分别执牛奶壶与咖啡壶，同时注入咖啡杯中。

④ 最后在表面放两勺打成泡沫的奶油，一杯香醇的欧蕾就完成了！

越南咖啡专用滴漏壶

越南冰咖啡

Vietnamese "Phin" Based Coffee

越南是滴滤咖啡的起源地，越南语称为"cà phê dá"
一般选用当地深焙咖啡豆
并使用专门的小型金属滴漏壶来冲泡
缓缓滴落、积累成一杯浓郁咖啡
炼乳浓郁的甜味可以中和越南咖啡豆的苦涩
苦涩与香甜交织的冰凉风味
让咖啡味道更加平衡，口感更丝滑

材料准备

咖啡粉20克，2勺炼乳，
60毫升热水，1杯冰块。

风格鲜明的越南咖啡的制作方式十分特别，
冲煮使用的器具与一般咖啡不同。
"滴"是越南咖啡的重要特色，
而且咖啡要在6分钟内滴完，风味最好。

步骤

①

在滴漏壶下方的玻璃杯内先加入几匙炼乳，
在滴漏壶上方的咖啡盒里放入咖啡粉。

②

从最上方注入热水，
让热水穿越咖啡粉慢慢滴落到下方杯子里。

③

拿开上方的滴壶，在下方加入冰块，
搅拌均匀，一杯越南冰咖啡就制作好了。

越南鸡蛋咖啡

Egg Coffee

提到鸡蛋咖啡您会想到什么呢?

是把鸡蛋加进咖啡里吗?味道会不会很奇怪?

别担心,将生蛋黄、牛奶与砂糖,打成极为绵密丰厚的奶泡

倒在味道醇厚的黑咖啡上

咖啡表面会漂浮一层金黄色的奶油泡沫状蛋黄

香甜、丝滑的奶泡,与醇厚、苦涩的咖啡交织出了美妙的滋味

材料准备

新鲜鸡蛋1个,
浓缩咖啡液,
炼乳和砂糖适量。

步骤

① 提前准备好意式浓缩咖啡液。

② 将鸡蛋分离,只用蛋黄,并加入适量的砂糖,用搅拌器或打蛋器搅拌至蛋黄呈浅黄色、蓬松状。

③ 在一杯浓缩咖啡中加入一定比例的炼乳,根据个人口味调整甜度。

④ 将打发好的鸡蛋黄均匀地倒入咖啡上方,形成一层奶油,一杯鸡蛋咖啡就完成了!

> 鸡蛋咖啡要趁热饮用,一般被放置在装有热水的容器中保温或在其下方用烛台持续加热。饮用时,先啜饮上面的绵密泡沫,再品尝泡沫下有着奶油香和温和咖啡苦味的香醇咖啡。

椰奶咖啡

Coconut Coffee

不同于生椰拿铁

椰奶咖啡是原味咖啡加上椰奶冰沙

喝第一口，滑顺的口感带有细细的冰沙颗粒

在唇齿间留下淡淡的椰奶香

冰爽的椰奶和醇厚的咖啡交相呼应

仿佛置身满是椰树的海边

材料准备　椰奶150~200毫升，越南滴滤咖啡液30毫升，炼乳少许。

步骤

① 提前准备好越南滴滤咖啡液。

② 将椰奶放进冰箱冻成冰，取出后打成冰沙。

③ 杯子里挤上一层炼乳，倒入椰奶冰沙。

④ 再缓缓倒入滴滤咖啡液，咖啡与椰奶融合，会形成漂亮的渐变分层。

雪克罗多咖啡
Shakerato

雪克罗多咖啡又叫冰摇咖啡

是把咖啡像调鸡尾酒一样用力摇晃

摇晃出厚厚的泡沫——浓郁且带有细腻金黄色的咖啡油沫

一口下去，先品尝到在舌尖消失的咖啡沫的香气

再喝下冰凉和苦甜的咖啡

体会如此简单又奇妙的美味

材料准备

浓缩咖啡液60毫升，

砂糖两茶匙，

冰块半杯，

雪克杯、香槟杯（或红酒杯等玻璃高脚杯）。

步 骤

①

提前准备好两份意式浓缩咖啡液。

②

在雪克杯中放砂糖，再放入冰块，

再倒入热腾腾的浓缩咖啡液。

（放冰块，倒浓缩咖啡液的速度要快）。

③

盖上雪克杯的盖子，

用力摇1~2分钟，摇到手酸的程度。

④

将雪克杯打开，将咖啡缓缓倒出，

能看到泡沫和咖啡形成漂亮的分层。

苹果咖啡

Pomme Coffee

白兰地、苹果汁、咖啡三种混合
咬下一口苹果时，酸甜多汁、口感清爽的味道会迅速弥漫开来
再喝上一口咖啡
苹果平衡了咖啡的浓郁和苦涩、白兰地的辛辣刺激
产生了一种独特而丰富的口感

材料准备 咖啡120毫升，苹果汁适量，苹果薄片适量，白兰地5毫升，冰块适量。

步骤

① 苹果汁、白兰地一起倒入咖啡中，轻轻搅拌均匀。

② 根据个人喜好加入冰块。

③ 再放入切成薄片的苹果，还可以在咖啡中加入一些苹果丁，增加口感的丰富度。

甜橙咖啡

Mandarina

橙皮含有丰富的维生素C，肉桂暖脾胃驱寒
一起饮用还能缓解咽喉疼痛
橙皮的酸甜、清香，中和了咖啡的苦涩
甜橙咖啡非常适合冬天饮用

材料准备

浓缩咖啡液1杯或即溶咖啡粉20克，
鲜奶油30克，橙皮少量，
肉桂1块。

步骤

① 使用浓缩咖啡液或即溶咖啡粉，直接冲泡在少量热水中，冲泡出120毫升咖啡液。

② 将提前准备好的咖啡、甜橙皮和肉桂一同放入锅中加热。

③ 煮至微热时倒入咖啡杯中，再放上少量的鲜奶油。

巴伦西亚咖啡
Valencia

柠檬皮入口的微微颗粒感,带来酸涩的清香
橙子味酒与咖啡融合
能让人品尝到浓郁的橙子香气、甜美的口感
提升了咖啡的果香层次,又带有一丝酒精香气
仿佛能让人感受到阳光下的果园气息

材料准备

浓缩咖啡液1杯或即溶咖啡粉10克,
牛奶60毫升,柠檬皮、肉桂粉少量,
橙味利口酒10毫升。

步 骤

①

使用浓缩咖啡液或即溶咖啡粉,直接冲泡在少量热水中,
冲泡出60毫升咖啡液。

②

牛奶加热至微微冒泡时,添加准备好的咖啡液。

③

加入柠檬皮,然后再添加橙味利口酒,搅拌均匀。

④

按照个人喜好加入少量的肉桂粉,即可享用。

柠檬黄咖啡
Café De Citron

红石榴的酸甜如同一缕清风

轻轻拂过舌尖,带来一丝清新与活力

为咖啡增添一抹独特的果香

咖啡的醇厚、柠檬的酸涩、红石榴的甜蜜在舌尖交织

如同在味蕾上跳动的音符

材料准备

浓缩咖啡液1杯或即溶咖啡粉20克,

红石榴糖浆15毫升,

柠檬1片。

步 骤

①

使用浓缩咖啡液或即溶咖啡粉,直接冲泡在少量热水中,冲泡出120毫升咖啡液。

②

把红石榴糖浆加入咖啡内,有条件也可以将红石榴榨汁,去渣取汁30毫升。

③

柠檬稍挤出汁液,放入咖啡中即可。

亚麻雷多冰咖啡

Amaretto

初尝一口，是咖啡的醇厚
带着烘焙的香气，缓缓上升
随后热烈的白朗姆酒在舌尖绽开
带来一丝不羁与自由
撒落的杏仁片如同冬日初雪
让杏仁的甘甜细腻柔和与咖啡的苦涩相互交融
带来不一样的味蕾体验

材料准备

浓缩咖啡液1杯或即溶咖啡粉20克,
杏仁片少量,
白朗姆酒10毫升,
杏仁酒果露10毫升,
冰块适量。

步骤

① 使用浓缩咖啡液或即溶咖啡粉,直接冲泡在少量热水中,冲泡出120毫升咖啡液。

② 将咖啡、白朗姆酒以及杏仁酒果露放入咖啡杯中搅匀。

③ 往咖啡里撒少量的杏仁片及冰块,一杯美味的亚麻雷多冰咖啡就做好了!

橙C美式
Iced Orange Americano

酸甜的新鲜橙汁蕴含着阳光的味道

搭配冰凉提神的美式

橙香四溢，咖啡香浓

酸甜与醇厚交织，在舌尖翩翩起舞

醇厚而不失轻盈，为夏日带来一抹凉意

材料准备

橙汁150~200毫升，

滴滤咖啡液30毫升，

冰块适量，

薄荷叶几片。

步 骤

①

在杯子中加满冰块，将橙汁倒入杯子中。

②

缓慢地将滴滤咖啡液倒入杯子中，会形成漂亮的渐变效果。

③

把薄荷叶"拍醒"，放到咖啡表面，一杯橙C美式就完成了！

> 在炎炎夏日里，一杯冰凉的橙C美式不仅能提神醒脑，还能带来一丝丝清凉和惬意。

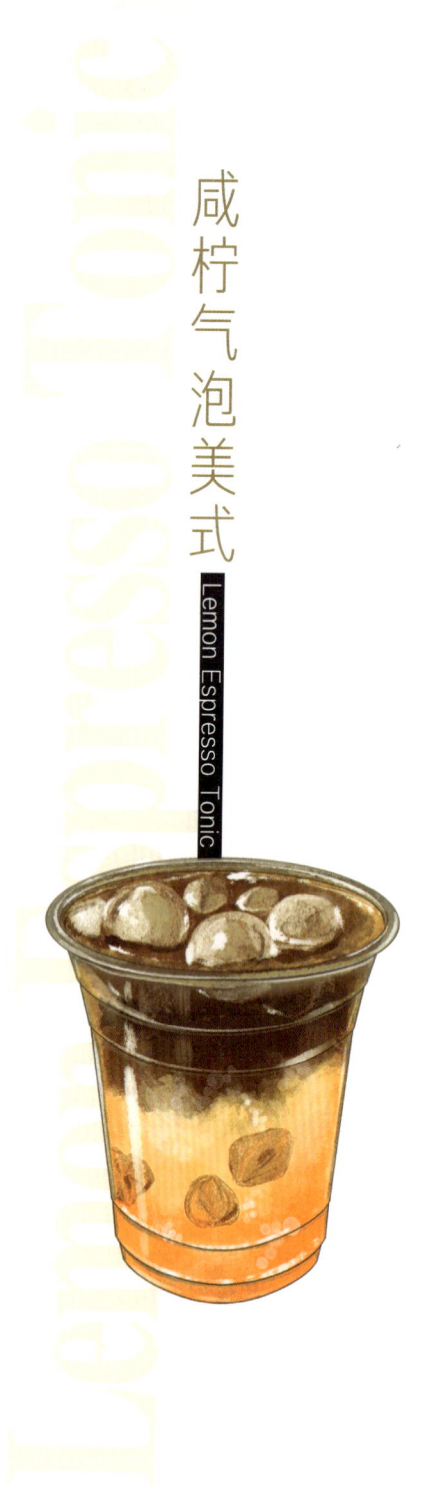

咸柠气泡美式

Lemon Espresso Tonic

在炎炎夏日的轻风中
咸柠气泡美式，如清泉般流淌心间
柠檬酸涩的清香与话梅的咸甜交织
气泡在舌尖欢腾
搭配清爽、果香的咖啡豆
带来丝丝凉意，拂去夏日的烦躁与闷热

材料准备 意式浓缩咖啡30毫升，咸柠檬1个，话梅2～3颗，气泡水150～200毫升，冰块适量。

步骤

① 咸柠檬切开放入杯中，用工具压榨出汁。

② 放入话梅、冰块，盖上杯盖摇匀。

③ 将气泡水倒入杯中至八分满。

④ 将准备好的黑咖啡液缓缓倒入杯中。